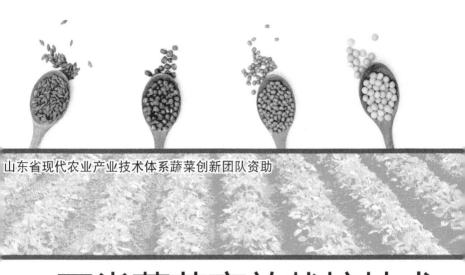

山东省现代农业产业技术体系蔬菜创新团队资助

豆类蔬菜高效栽培技术

◎ 王英磊　刘　伟　孙振军　主编

U0349323

中国农业科学技术出版社

图书在版编目（CIP）数据

豆类蔬菜高效栽培技术／王英磊，刘伟，孙振军主编 . —北京：中国农业科学技术出版社，2017. 12

ISBN 978-7-5116-3365-1

Ⅰ.①豆…　Ⅱ.①王…②刘…③孙…　Ⅲ.①豆类蔬菜–蔬菜园艺　Ⅳ.①S643

中国版本图书馆 CIP 数据核字（2017）第 276695 号

责任编辑　贺可香
责任校对　贾海霞

出 版 者　中国农业科学技术出版社
　　　　　北京市中关村南大街 12 号　邮编：100081
电　　话　（010）82106638（编辑室）　（010）82109702（发行部）
　　　　　（010）82109709（读者服务部）
传　　真　（010）82106650
网　　址　http://www.castp.cn
经 销 者　各地新华书店
印 刷 者　北京建宏印刷有限公司
开　　本　850mm×1 168mm　1/32
印　　张　6
字　　数　190 千字
版　　次　2017 年 12 月第 1 版　2017 年 12 月第 1 次印刷
定　　价　26. 00 元

前　言

　　豆类蔬菜在整个蔬菜生产中占有重要地位，其栽培历史悠久。豆类蔬菜种类繁多，营养丰富，日益受到人们的青睐。随着人们生活水平的日益提高，对豆类蔬菜的消费数量，特别是营养、保健、卫生、安全等方面提出了更高的要求。因此，豆类蔬菜的高效栽培生产已成必然趋势，势在必行。为了把具有相当优势、前景看好的豆类蔬菜高效栽培生产从田间到餐桌保证优质、卫生，安排好豆类蔬菜的周年生产，均衡供应，我们组织有关科技人员，编写了《豆类蔬菜高效栽培技术》一书，以飨读者。《豆类蔬菜高效栽培技术》在生产应用中若能为生产者有实际的指导作用，则令编者欣慰了。

　　限于编写人员水平，书中错误在所难免，敬请读者批评指正。

编　者

2017 年 10 月

目　录

第一章　概　述

豆类蔬菜为豆科一年生或二年生草本植物，是蔬菜中以嫩豆荚或嫩豆粒作蔬菜食用的栽培种群。豆类蔬菜主要包括：菜豆属的菜豆、红花菜豆，豇豆属的豇豆，大豆属的菜用大豆，豌豆属的豌豆，野豌豆属的蚕豆，刀豆属的蔓生刀豆，扁豆属的扁豆，四棱豆属的四棱豆及黎豆属的黎豆等9个属10个种。

豆类蔬菜营养价值较高，富含蛋白质及较多的碳水化合物、脂肪、钙、磷及各种维生素和矿质元素。例如：菜豆每100g嫩豆荚含蛋白质1.1~3.2g，碳水化合物2.3~6.5g，成熟种子蛋白质含量22.5%；多花菜豆每100g嫩豆荚含蛋白质约2.4g，钙3.3mg；蚕豆每100g鲜豆粒含蛋白质9~13g，碳水化合物11.7~15.4g，干豆粒蛋白质含量达25%~30%；豇豆每100g嫩豆荚含蛋白质2.9~3.5g，碳水化合物5~9g；扁豆每100g嫩豆荚含蛋白质2.8~3g，碳水化合物5~6g；豌豆每100g嫩豆荚含蛋白质4.4~10.3g，碳水化合物14.4~29.8g。特别是每100g干豆粒中磷的含量高达400mg。菜用大豆每100g嫩豆粒含蛋白质13.6~17.6g，脂肪5.7~7.1g，胡萝卜素23~29mg。有"热带大豆"之称的四棱豆，其种子蛋白质含量高达28%~40%，含脂肪达15%~18%，可与大豆的营养价值相媲美。此外，它的新鲜块根含有蛋白质8%~12%，为马铃薯含量的4倍，是目前世界上含蛋白质最高的块根作物之一，也是很受重视的蛋白质粮食新资源。豆类蔬菜的嫩豆荚或嫩豆粒滋味鲜美，营养丰富，亦有保健治疗之功效。《本草纲目》中说："刀豆甘平无毒，温中下气，利肠胃，止饥逆，益肾补元，白扁豆有清暑除湿与解毒的药效，多花菜豆的老熟种子有健脾壮肾等功效。"此外，豆类蔬菜所含丰富的蛋白质、碳水化合物和脂肪可补充人体中一部分热能和蛋白质的需要，有维持体内酸碱平衡和帮助消化等功能。

豆类蔬菜均为蝶形花冠，多为自花授粉作物，但不同的种类和品种在不同条件下有一定程度的异交现象，如蚕豆有达 20%~30% 的异交率，菜豆不同品种亦有 0.2%~10% 的异交率。因此，繁殖不同品种时应注意隔离种植以保证品种质量。

豆类的根系为直根系，根系发达，具有一定的抗旱能力。根系上有不同形状和数量的根瘤共生，能固定空气中的氮素，但如果土壤湿度过高，根瘤菌活动能力降低，固氮能力也变差。对菜田有计划地安排茬口，做好品种布局，栽培豆类作物，可有效地提高土壤肥力。

豆类蔬菜要求土壤 pH 值以 5.5~6.7 为宜。其中，菜豆 pH 值为 6.0~7.0，菜用大豆 pH 值为 6.5~7.0，蚕豆 pH 值为 6.2~8.0，豇豆 pH 值为 6.2~7.0。豆类蔬菜喜肥沃的壤土或沙壤土，土壤排水和通气性良好，这有利于根部根瘤和根瘤菌的生长发育，提高固氮能力。豆类蔬菜不宜连作，可实行 2~3 年轮作。连作使根部分泌有机酸而提高土壤酸性，并进而使植株矮化和茎叶发黄，导致提早枯死。

豆类蔬菜作物对矿质营养元素的缺乏比较敏感，容易发生生理病害。豆类蔬菜虽本身具有根瘤和一定的固氮作用，又有一定的耐瘠性，但单靠土壤供给不能满足豆类作物生育的需求，所以要根据不同生育时期科学施肥。

豆类蔬菜主要食用部分是嫩豆荚、嫩豆粒，具有丰富的营养和显著的保健作用。但有些种类含有的成分或因食用不当，可对人体造成一定毒害，所以要注意食用方法，确保食用安全。

　　豆类蔬菜在整个蔬菜生产中占有重要地位，有着其他蔬菜品种不可替代的作用。特别是随着园艺设施技术的革新和发展，豆类蔬菜也和其他蔬菜品种一样，打破了传统的栽培规律和栽培方法，实现了周年栽培，均衡供应。这些不仅丰富了菜篮子，满足了城乡消费者的需求，也给生产者带来了显著的经济效益。

第二章 菜 豆

　　菜豆为豆科类豆属中一年生草本植物，又叫芸豆、四季豆、豆角、青刀豆、玉豆等。原产中南美洲热带地区，16世纪传入我国。现全国广泛栽培软荚菜豆，以成熟种子供食用的菜豆仅在我国东北、西北及华北部分地区有栽培。

　　菜豆嫩荚可供煮食、炒食、凉拌，也可烫熟后干制和速冻脱水。菜豆以其风味独特、鲜美适口，而很受消费者欢迎。根据中国医学科学院卫生研究所编著的《食物成分表》显示，菜豆含有多种重要的营养物质，每100g嫩豆荚含胡萝卜素0.1~0.55mg，维生素B$_1$ 0.06~0.08mg，维生素B$_2$ 0.06~0.12mg，烟酸0.5~1.3mg，抗坏血酸6~57mg，蛋白质1.1~3.2g，脂肪0.2~0.7g，碳水化合物2.3~6.6mg，粗纤维0.3~1.6g，钙20~60mg，磷38~57mg，铁0.9~3.2mg。

　　未加工的菜豆嫩荚含有一定量的有毒物质（遇热不稳定），如胰蛋白酶抑制素、血球凝集素和溶血素等，经过加热后，这些有毒物质很容易被破坏，变为无毒食物。荚皮含有皂素毒素，含量又多，须经100℃煮熟才能完全破坏，因此，食用菜豆加热一定要充足。作凉拌菜时，要煮沸5~10min，炒食则要加热至完全熟，否则很容易造成中毒，出现胃痛、恶心、呕吐等症状。

一、菜豆的基础知识

（一）菜豆的形态特征与生长发育

1. 根

菜豆的根系发达，在苗期根的生长速度较地上部快，分布幅度也较地上部广。播种后，子叶刚露出土面时，主根已生出 7~8 条侧根；株高 15~20cm 时，主根已有大量侧根，扩展半径可达 80cm，但多分布在表土；结荚时主根可深达 60cm 以上，侧根仍主要分布在表土 15~40cm，吸收能力较强。由于菜豆根部容易木栓化，因而再生能力较弱。主根和侧根上都可形成根瘤，开花结荚期是形成根瘤的高峰期，进入收获期，根瘤形成逐渐减少，固氮能力也开始下降。植株生长越旺盛，根瘤菌越多，固氮能力越强。

2. 茎

菜豆的茎按生长习性分为蔓生和矮生两类。蔓生菜豆属无限生长类型，蔓长可达 3~5m，呈左悬缠绕，需搭架栽培。蔓生菜豆生长期长，坐荚多，产量高，品质优，是菜豆的主要栽培类型；矮生菜豆为蔓生菜豆的变种，一般株高 30~50cm。主茎伸展 4~8 节后，生长点产生花芽而封顶，不需支架。它成熟早，结荚集中，但产量较低。

3. 开花结荚习性

菜豆的花为蝶形花，总状花序，自花授粉。授粉受精后先是果荚发育，待果荚停止伸长后种子开始发育，因此嫩荚的采收应在种子发育之前。菜豆种子的发芽年限一般为 2~3 年，但两年以上的种子发芽率下降，故播种时最好用当年新豆种。

菜豆生长发育时期分为发芽期、幼苗期、伸蔓（发棵）期和开花结荚期。但开花结荚和茎叶生长同时进行，发生营养竞争，如处理不当则会导致茎叶生长旺盛而结荚较少或坐荚较多而茎蔓早衰。

（二）菜豆对环境条件的要求

菜豆喜温暖，不耐霜冻，又畏酷暑。矮生类型耐低温能力比蔓生种要强。菜豆种子发芽的最低温度为15℃，最适温度为20~25℃；营养生长的温度为10~25℃。开花结荚期的最适温度为18~25℃，低于15℃或高于30℃时发育不良，而且落花落荚增多；根系生长的适宜温度为8~38℃，其中13℃以下几乎不着生根瘤。

菜豆喜强光，光照较弱时常引起徒长或落花结荚。菜豆为短日照植物，不过大多数品种适应性较强，对日照长短要求不严，但缩短日照时数能使开花期明显提前，结荚也多。也有少数品种仍然要求短日照条件，它们只适宜秋播。因此，引种栽培时应注意这个问题。

菜豆能耐一定的干旱，适宜的土壤湿度为田间最大持水量的60%~70%。菜豆对土壤要求不严，但以土层深厚肥沃、排水良好的轻沙壤土为好。菜豆耐酸性弱，微酸性及中性土壤有利于根系的生长和根瘤菌的发育，如果pH值在5.5以下，应施石灰中和。菜豆在生育初期吸收较多的钾和氮，但氮肥用量也不可过多，以硝态氮为好。磷的吸收量虽较氮、钾少，但如果缺乏磷，则会影响开花、结荚和种子的发育。菜豆在嫩荚迅速伸长时，还要吸收大量的钙，在施肥上也应注意。另外，施用微量元素硼和钼对增加菜豆产量、改善品质有一定作用。

矮生菜豆生育期短，施肥宜早，促进早发、多发分枝，达到早开花结荚提高产量的目的。蔓生种前期生育较矮生种迟缓，但开花、结荚期较长，需根据各个生育阶段对营养元素的要求，多次施用氮、磷、钾完全肥料，以提高产量和改善品质。

菜豆最适宜的空气湿度是65%~75%，如果空气湿度过大或土壤水分过多则会引起菜豆炭疽病、疫病、灰霉病及根腐等病害。

二、优良品种

菜豆的品种很多，可以分成不同类型。按食用部位，菜豆可分为软荚种和硬荚种，作为蔬菜的大多都是软荚种；软荚菜豆按茎的生长习性可分为矮生类型和蔓生类型，也有少数是半蔓生类型。按生育期，菜豆可分为早熟品种、中熟品种和晚熟品种。

（一）早熟品种

1. 意大利矮生玉豆

内蒙古开鲁县平乡新品种研究所1990年从意大利引进。

植株矮生，株高60cm，分枝能力强，每株可结荚50个左右。荚绿色，无筋，长约13cm，单荚重约22g。荚肉厚，商品性好。种子肾形，乳白色。抗病性强，耐肥，耐旱涝，适应性广。

极早熟，播种后45d即可采收嫩荚。行距40cm，株（穴）距33cm，每穴播2粒种子。苗期少施氮肥，控制浇水，每亩（1亩=1/15hm²）产嫩荚4 000 kg。

2. 供给者

从美国引进，又叫美国地芸豆。

植株矮生，生长势强，株高40~45cm，开展度65cm左右，分枝多。第1花序着生在主茎第5节，花蓝紫色，每花序结荚

3~5个，单株结荚 30 个左右。嫩荚绿色，圆棍形，长 13cm 左右，单荚重 7.6~9g。肉厚，纤维少，品质好。种子紫红色。

适于在晋、冀、津、内蒙古等地春早熟及保护地栽培。行距 40cm，株（穴）距 30cm，每穴播 4 粒种子。早熟，抗病，适应性强，丰产性好。播种后 55d 左右收获嫩荚，每亩产嫩荚 1 200~1 700 kg。

3. 矮生推广者

中国农业科学院蔬菜花卉研究所从国外引入。

植株矮生，生长势较强，株高约 40cm。花浅紫色，嫩荚青豆绿色，圆棍形，直而光滑。荚长 14~16cm，宽和厚各 1cm，肉厚，纤维少，质脆嫩，品质好，耐贮运。

北京地带一般 4 月中旬播种，行距 40~50cm，株（穴）距 30cm，每穴 3~4 粒种子。早熟，从播种到嫩荚收获约 60d，每亩产嫩荚 1 200 kg。

4. 冀芸 2 号

河北省农业科学院蔬菜研究所选育。

植株矮生，生长势中等，株高 42~45cm，5~7 个分枝，平均单株结荚 17 个。花白色，嫩荚扁圆形，荚长 14~16cm，宽 1.4cm，厚 0.9cm，单荚重 10~12g。嫩荚纤维极少，不易老，商品性好。种子肾形，茶褐色，百粒重 36~40g。抗烟草花叶病毒。

适宜河北省及相邻地区种植。早熟，春季从播种到采收嫩荚 53d，秋季 7 月下旬至 8 月上旬播种，注意雨后及时排水，防治锈病。一般行距 40cm，株（穴）距 30cm，每穴 3~4 粒种子。每亩产嫩荚 1 400~1 800 kg。

5. 地豆王 1 号

河北省石家庄市蔬菜研究所育成。

植株矮生，株高 40cm 左右，每株有分枝 6~8 个。叶片绿色，花浅紫色，嫩荚浅绿色，老荚有紫晕。荚扁条形，长 18cm，宽 2cm 左右，单荚重 12g。种子肾形，褐色，上有黑色花纹。纤维少，无革质膜，品质好。

早熟，播种后 50d 开始收嫩荚。适宜河北省及相邻地区春、秋季种植，春播 4 月中下旬，秋播 7 月中下旬，秋季宜采用半高垄栽培。一般行距 40cm，株（穴）距 25cm，每穴 3~4 粒种子。每亩产嫩荚 1 580 kg。

6. 日本极早生

从日本引进的极早熟品种。

植株矮生，生长势强，株高 4 050cm，分枝 46 个。单株结荚 4 050 个，嫩荚浅绿色，圆棍性，荚长 1 416cm，宽和厚各 1cm 左右。单荚重 78g，嫩荚肉厚，耐贮，纤维少，风味佳，品质好。种子成熟时白色，百粒重 25g 左右。适应性强，抗病耐旱，从播种到收获嫩荚 50d 左右，早熟，丰产，亩产 2 500~3 500kg。适宜华北地区春季地膜覆盖栽培。

7. 丰收一号

从泰国引进，又名泰中豆、丰收白。

植株蔓生，长势强，分枝多，叶片大。花白色，每花序结荚 5~6 个。嫩荚浅绿色，稍扁，荚面略带凹凸不平。荚长 21.8cm，宽 1.4cm，厚 0.8cm。种子乳白色，较小，百粒重 36.4g。嫩荚肉较厚，不易老，品质好。抗病，较耐热。

适于北京、山西、内蒙古等地种植。一般行距 50cm，株（穴）距 25~30cm，每穴 3~4 粒种子。早熟，播后 60d 左右采收，每亩产嫩荚 2 500~2 700kg。亦适于设施栽培。

8. 老来少

山东省农家品种。

植株蔓生，花白色稍带紫色，荚扁条形，中部稍弯，白绿色，荚长约 18cm。纤维少，品质好，荚鼓起来变白时炒食风味更佳。种子肾形，棕色。适合春、夏季栽培，早熟，播后 60d 可采收。每亩产嫩荚 1 500 kg。

（二）中熟品种

1. 新西兰 3 号

北京市种子公司从新西兰引进的优良品种。

植株矮生，株高约 50cm，有 56 个分枝。茎绿色，叶片深绿色。花浅紫色，第一花序着生在 23 节，每花序结荚 46 个。嫩荚扁圆棍形，尖端略弯，荚长约 15cm，横茎 1.2cm，单荚重约 10g。嫩荚青绿色，肉较厚，纤维较少，品质较好。每荚种子 57 粒，种皮浅褐色，有棕色花纹，种子肾形，表面粗糙，百粒重约 33.3g。从播种到采收嫩荚约 60d。每亩产嫩荚 1 000~1 700 kg。适应性广，较抗病。适于北京、天津、河北、陕西、山东、江苏等地春季露地栽培。

2. 江户川矮生菜豆

辽宁省农业科学院园艺研究所于 1982 年从日本引入。

植株矮生，生长势较强，株高 40~50cm，开展度 44~48cm，有侧枝 6 个。花紫红色，嫩荚绿色，圆棍形，直而整齐。种子长筒形，深紫红色。肉厚，质嫩，耐老，品质好，适于速冻和鲜食。对炭疽病、锈病的抗性较强。

沈阳地区春季 4 月中下旬播种，中熟，60d 左右收获嫩荚，每亩产嫩荚 1 400kg 左右；秋季 7 月 20 日左右播种，50d 左右收获，每亩产嫩荚 1 000 kg。一般行距 55cm，株距 25cm，每穴留 3 株苗。苗期中耕，控制肥、水。

3. 优胜者

中国农业科学院蔬菜花卉研究所 1977 年自美国引入。

植株矮生，株高 40cm 左右，开展度 45cm 左右。长势中等，有 5~6 个分枝。叶色绿，花紫色，每花序结荚 4~6 个。嫩荚浅绿色，近圆棍形，荚长 14cm 左右。肉厚，品质较好。种子浅肉色，肾形。较耐热，抗菜豆普通烟草花叶病毒和白粉病。

适于北方春早熟栽培，露地栽培一般 4 月中下旬播种，行距 40cm，株（穴）距 27~33cm，每穴 3~4 粒种子。

4. 碧丰

中国农业科学院蔬菜花卉研究所和北京市蔬菜研究中心 1979 年自荷兰引进。

植株蔓生，长势强，侧枝较多。甩蔓早，3~5 节着生第 1 花序，花白色，每花序结荚 3~5 个，单株结荚 20 个左右。嫩荚绿色，扁条形，长 21~23cm，宽 1.6~1.8cm，厚 0.7~0.9cm，单荚重 16~20g。嫩荚纤维较少，品质好。种子白色，百粒重 45~55g。适应性强，较抗锈病，不抗炭疽病。

全国南、北方均可栽培，适合春播。北京地区 4 月中旬播种，行距 60~70cm，株（穴）25~30cm，每穴播 3~4 粒种子。苗期生长速度快，应适当控水，以防疯秧。坐荚后加强肥水管理，较早熟，北京地区春播 65d 左右收获嫩荚，每亩收获嫩荚 1 300~2 000 kg。

5. 芸丰

大连市农业科学研究所育成。

植株蔓生，长势中等，分枝较少。花白色，嫩荚浅绿色，荚长 22~24cm，宽、厚各 1.5cm，平均单荚重 16.7g。肉质细嫩，膜不硬化，品质好。较耐寒，不耐热，亦不耐涝、旱。高抗病毒病，中抗炭疽病、锈病。

适宜春、秋两季栽培，春季 4 月中下旬播种，秋季 7 月中旬播种。行距 70cm，株（穴）距 23cm，每穴 2~3 粒种子。每亩产嫩荚 2 000~2 500 kg。

6. 青岛架豆

青岛市近郊地方品种。

植株蔓生，生长势较强，分枝多，叶片较大，深绿色，有茸毛、叶面皱褶。主茎第 4~6 节着生第 1 花序，花紫红色，结荚较多。荚长棒形，鲜绿色，荚面光滑，长 18~23cm，宽 1.1~1.4cm，厚 0.9cm。纤维少，不易老，品质较好。种子肾形，皮黑色。较耐热，抗病，较耐盐碱，适应性强。

中熟品种。一般适于春播，4 月中下旬播种，行距 53cm，株（穴）距 26cm，每穴播种子 4~6 粒。每亩产嫩荚 2 000~3 000 kg。

7. 福三长丰

山东省烟台市福山区三里店村技术员从双季豆中选出的自然变异种。

植株蔓生，分枝性强，结荚多，丰产性能好。叶色淡，肾形。在第 4 片真叶着生第一花序，每花序结荚 3 个，全株可结荚 48 个。荚扁宽，淡绿色，长 20.5cm，宽 1.56cm，平均单荚重 14.22g。肉质松软鲜嫩，粗纤维少。种子褐色。抗逆性强，适应范围广。

适宜鲁、冀、豫、辽、赣等省春、秋两季种植，并适于保护地栽培。春播以 4 月中旬至 5 月上旬为宜，秋播以 8 月上中旬为宜。行距 65~75cm，株（穴）距 25cm，每穴播 2~3 粒种子。始收期为 55d 左右，每亩产嫩荚 1 600~2 500 kg。

8. 秋紫豆

陕西凤县科技人员从农家品种变异单株选育而成。

植株蔓生，蔓长达 3.5~4m，生长势强。叶柄、茎、花均为紫色。每花序结荚 6~8 个，荚紫红色，长 15~20cm，扁平，肉厚，纤维少。耐寒、耐旱、耐贫瘠，抗病虫、抗逆性强，适应性广。种子黑色，肾形，大粒。

适宜陕西及相邻地区夏末秋初露地种植，供应 8—9 月蔬菜淡季，采收期可一直延至霜降。一般冬小麦收获后播种，行距 60~65cm，株（穴）距 45~60cm，每穴播 3~5 粒种子。中熟，播后 60d 左右收获嫩荚，每亩产嫩荚 3 400~4 000 kg。

（三）晚熟品种

1. 晋菜豆一号

山西大同市南郊区城关蔬菜实验站选育的新品种。

植株蔓生，第三节开始节节着生花序，每个花序结荚 4~6 个。嫩荚淡绿色，宽扁形，长 20~26cm，最长可达 35cm，宽 1.8cm，单荚重 23g 左右。荚皮厚嫩，纤维少，品质好。种子白色肾形，百粒重 42.8g。

山西全省栽培，生长势强，有恋秋特征。从立夏到小满都可播种，行距 50cm，株（穴）距 40cm，每穴播 3 粒种子。从播种到收获 65~70d，每亩产嫩荚 3 000~3 300 kg。

2. 一尺莲

大同市科协选育的优良品种。

植株蔓生，生长势强。叶色深绿，叶片肥厚，叶柄较长。分枝能力强，有五条侧枝，侧枝上还可形成侧枝。主蔓 3~4 节着生第 1 花序，花白色，每花序结荚 3~6 个，单株结荚 70~120 个。嫩荚绿色，棍形，长 30cm 左右，粗 1.3cm，单荚重 30g 左右。嫩荚无筋无柴，实心耐老，品质佳。种子肾形，古铜色，百粒重 38g。抗病、耐热、抗涝、耐旱。

适时播种，密度合理。一般株行距 50cm×55cm，每穴 1~2 粒种子。架材要高，及时引蔓。播种后 77d 开始收获，每亩产嫩荚 3 500~4 000 kg。

3. 95-33 架豆王

北京市丰台天马蔬菜种子研究所培育的新品种。

植株蔓生，生长旺盛，有五条侧枝，侧枝还可继续分枝。叶色深绿，叶片肥大。第一花序着生在 3~4 节上，花白色，每个花序结荚 3~6 个。荚绿色，圆形，长 30cm 以上，横径 1.1~1.3cm，单荚重可达 30g，单株结荚 70 个左右。中晚熟，抗病。

适宜北京及附近地区春秋露地和大棚栽培。株行距 50cm×55cm，每穴 1~2 株。从播种到收获嫩荚 70d 左右，每亩产嫩荚 3 000~4 000 kg。

三、栽培技术

菜豆既不耐寒也不耐热，传统上在北方分春、秋两季栽培。一般 10cm 土温稳定在 8℃ 以上即可播种，终霜后出苗，6—7 月采收；秋菜豆播种时期应在当地早霜前 100d 左右。近些年随着园艺栽培设施的大量兴建和应用，为菜豆的周年生产提供了条件，小拱棚、大拱棚、日光温室的春早熟栽培、秋延后栽培以及日光温室的秋冬茬栽培、冬春茬栽培多种形式全面发展，使菜豆的栽培面积有了较大的发展，产量成倍增长。加上贮藏加工技术的应用，使菜豆基本实现了周年供应。

（一）春季露地栽培

1. 品种选择

春季露地栽培可选用架豆，也可选用矮生地豆。矮生菜豆耐寒性稍强，可早播 3~5d。不过，首选品种应以耐寒、早熟为目标，其次是抗病性、产量、品质等。

2. 播种期的确定

菜豆喜温，不耐霜冻，其生长季节应在无霜期内。适宜的播种期因品种特性和各地气候条件不同而异。掌握的原则是当地断霜前 5~7d，或 10cm 地温稳定在 10℃ 以上，这样，出苗时晚霜已经过去。采用地膜覆盖的可提前 1 周播种。

3. 整地、施肥、做畦

选用土层深厚、疏松肥沃、通气性良好的沙壤土，最好冬前进行深翻晒土，冻垡，入春后耙地。另外，选择地块时切忌重茬，不能与豆类作物连作，前茬最好是大白菜、茄科作物或葱蒜类。

菜豆虽有根瘤菌，但仍需施入适量氮肥。菜豆对磷钾肥反应敏感，增施磷肥可促进根瘤菌的活动。一般结合整地做畦，每亩施入有机肥 3 000~5 000 kg，过磷酸钙 50kg，钾肥 30~40kg 或草木灰 40kg。架豆一般做成 80~90cm 的畦，栽 2 行，矮生菜豆做成 1.7m 的畦，栽 4 行。

4. 播种与育苗

菜豆一般采用干籽直播。但早春地温低，也可采用育苗移栽。

（1）种子处理 将种子在阳光下晒 1~2d。为防止地下害虫为害，最好进行种子消毒。可用种子重量 0.3% 的 1% 福尔马林药液浸泡种子 20min；或用种子重量 0.3%~0.5% 的福美双可湿性粉剂拌种。但菜豆一般不提倡浸种，如播种后温度低、湿度大，浸种易导致烂种。

（2）直播方法 播种前 2~3d 浇水润畦，待土壤稍干不黏时进行浅翻松土，耧平畦面待播。播种多采用开沟点播的方法。架豆行距 50~65cm，先按行距开 35cm 深的沟，再按 40~50cm 的株（穴）距点播，每穴播 24 粒种子；矮生菜豆行距 40cm 左右，株（穴）距 30cm 左右，每穴播 35 粒种子，播种深度 5cm 左右，播后覆土平畦，加盖地膜。覆盖地膜者出苗后要立即破膜放苗，以免高温烫苗。

（3）育苗方法　为了保证苗全苗壮也可采用育苗移栽法。通常用塑料钵、纸钵或营养土方，在日光温室、大棚或小棚中育苗，可比直播提早成熟 7~10d。营养土的配制一般为无病虫的园土 5 份，腐熟的堆、厩肥 4 份，过磷酸钙 0.5 份，草木灰 0.5 份。混匀后装入塑料钵或制成 68cm×68cm 的营养土方。播种时先浇透底水，在每钵或每块土方的中央挖孔，播上种子，其上再覆 23cm 厚的营养土。温度管理以白天 25℃ 左右，夜间 15~18℃ 为宜。整个苗期不需浇水施肥，当苗龄 20d 左右即可定植。

5. 定植

育苗移栽的要及时定植，定植时的株行距同直播的一样。一般进行穴栽，带土坨定植，深度以埋没土坨为宜。定植后浇少量定植水。

6. 田间管理

（1）中耕蹲苗　出齐苗后浇一次水，进行中耕松土，育苗移栽的在缓苗后中耕，随即进入蹲苗阶段。蹲苗期间进行 2~3 次中耕，直至矮生菜豆现蕾、架豆抽蔓之时结束蹲苗，浇一次大水。

（2）插架、引蔓　架豆在浇水后及时进行插架，架式可根据栽培方式和不同品种的生长习性采用编花架、人字架、篱架或四角架等。插好架后进行人工引蔓，以后任其自行缠绕。

（3）水分管理　菜豆对水分要求较为严格，水分不足，植株生长不良，影响产量和品质；水分过多，又使植株徒长，落花落荚严重。菜豆在水分管理上总原则是前控后促，浇荚不浇花。

开花前如过于干旱，可浇一小水，以供开花之需要。一般当幼荚
2~3cm长时开始浇水，以后每5~7d浇一次，保持土壤湿润。进
入高温季节，应勤浇轻浇，并在早晚浇水和雨后压清水，以降低
地表温度。

（4）施肥技术　菜豆在整个生育期中需氮、钾肥较多，磷
肥较少，还需一定量的钙。一般结合浇水追肥3~4次，第一次
在团棵后追施提苗肥，每亩追施人粪尿1 000 kg；第二次在嫩荚
坐住后追施催荚肥，每亩施尿素10~15kg或人粪尿素300kg、过
磷酸钙10kg；以后在盛荚期再追肥2次，或人粪尿每亩1 000
kg，或硫酸铵每亩15~20kg。

7. 适时采收

菜豆以嫩荚供食用，一般开花后10~15d即可采收。采收标
准为荚果由细短变粗长、由粗变为白绿，豆粒稍显。矮生菜豆采
收期相对集中，2~3次可采收完毕，采收期仅20~30d；架豆陆
续结荚、陆续采收，3~4d采收一次，采收期可达50~80d。

（二）秋季露地栽培

秋季菜豆露地栽培的气候条件与春季有很大不同。温度由高
温到低温直至出现霜冻；湿度由前期的潮湿多雨到后期的逐渐干
旱；光照强度由强到弱，日照时间由长到短。根据以上特点，秋
季露地菜豆在栽培管理上应把握好以下环节。

1. 品种选择

应选择耐热、抗病和病毒病的品种。要求结荚比较集中，坐
荚率高。矮生品种一般选用冀芸2号、地豆王1号、美国供给者
等；蔓生品种可选择丰收一号、老来少、青岛架豆、新秀2
号等。

2. 播种期的确定

秋菜豆的播种期应根据初霜期的出现时间往前推算，架豆到初霜来临应有 100d 的生长时间，矮生菜豆需有 70d 以上的生长时间。所以北方地区的播种时间应在 7 月中旬至 8 月初。过早播种，开花结荚时正值炎夏高温，易引起落花落荚；播种过迟，气温下降，豆荚不易成熟，产量下降。

3. 适当密植

秋菜豆的生育期较短，长势也比较弱，因此株小，侧枝少，单株产量也较低。所以应加大密度，蔓性菜豆可采用行距 50~65cm，株距 30~40cm，每穴播 3~4 粒种子；矮生菜豆行距 35~40cm，株（穴）距 30cm 左右，每穴播 4~5 粒种子。

4. 整地做畦

栽培地块在前茬拉秧后应马上深翻灭草，每亩施基肥 3 000kg。做成 10~15cm 的小高畦，便于排涝，畦的大小可与春播相同。

5. 播种

播种时应有足够的墒情，最好在雨后土不黏时播种或浇水润畦后播种。如播后遇雨，土稍干时要及时松土。注意播种时不能过深，以不超过 5cm 为宜，防止雨后因畦面板结影响幼苗出土，或播种穴积水造成烂种。

6. 中耕蹲苗

秋菜豆出苗后气温高，水分蒸发量大，应适当浇水保苗，所以蹲苗期相对较短。同时中耕要浅，以防土表层温度过高。中耕多在雨后进行，以划破土表、除掉杂草为目的。

7. 加强肥水管理

秋菜豆生长期短，应从苗期就加强肥水管理，力争在较短时间能长成较大的株型，提早开花结荚。一般从第1真叶展开后要适当浇水追肥，开花初期适当控制浇水，结荚之后开始增加浇水量。需要注意的是雨季一方面要排水，另外还应浇井水以降低地温，因雨季的雨是"热雨"。随着气温逐渐下降，浇水量和浇水次数也相应减少。追肥可于坐荚后施化肥，每亩施磷钾复合肥10kg。

秋菜豆采收期较短，一般从9月中下旬到10月下旬，早霜来临前收获完毕。

（三）夏季露地栽培

1. 选择适宜的品种

夏季气温高，雨水多，日照时间长，因此应选择耐热、抗病和病毒病，花期对日照长短要求不严的品种，如绿龙、九粒白、老来少、丰收一号、青岛架豆等。

2. 选择适宜的地块

宜选择地势高燥，排灌方便，土质疏松，富含有机质的沙壤土地块种植。结合深翻，每亩施圈肥4 000 kg，过磷酸钙50kg，草木灰100kg或硫酸钾15kg。利用小高畦栽培，畦高10~18cm，畦面宽120~130cm，畦为南北向，畦长6~8m。

3. 适时播种，合理密植

麦收后即可播种，一般在5月底至6月上旬。播种前进行晒种和药剂拌种。夏菜豆苗期气温高，适当密植是获得高产的因素之一。一般行距40~60cm，株距20~30cm，每穴播种3~5粒，播种深度3~4cm，每亩播量2.54kg。

4. 田间管理

菜豆齐苗后，浇1次水及时中耕1~2次，并控制灌水。开始抽蔓时，即可搭"人"字形架。第一花序开花期一般不灌水，以防枝叶徒长而造成落花。夏季气温高，灌水要小水勤浇，暴雨之后要"涝浇园"，防止落花落荚。第一次追肥在抽薹后，可结合灌水，每亩施入粪尿1 000 kg或15kg尿素，并追施磷钾复合肥10kg。第二次追肥在嫩豆荚坐住后进行。以后，每采收12次追肥1次。

5. 施用生长调节剂与叶面肥

开始抽薹时，每亩叶面喷施助壮素10ml，加水50kg，以防植株徒长。伸蔓期，可喷施浓度为200mg/kg的增豆稳，每隔10~15d喷1次，连喷3~4次。另外，可结合防病治虫喷施光和微肥、磷酸二氢钾溶液。

6. 及时采收

夏季气温高，豆荚生育较快，开花后约10d即可采收。

（四）小棚菜豆春早熟栽培

1. 品种选择

小拱棚栽培由于空间小，只能选矮生菜豆。应尽量选择早熟品种，如美国供给者、意大利玉豆、地豆王1号、推广者等。

2. 整地做畦

选择土壤肥沃，2~3年内没有种过菜豆的沙壤土地块。播前半个月深翻，每亩施入充分腐熟的有机肥4 000 kg左右、过磷酸钙20kg、硫酸铵15kg、氯化钾15kg或草木灰40kg。精细整地，土肥混匀，整地耧平，按小棚的方位做成平畦，畦宽80~90cm，也可以采用小高畦栽培。

3. 直播或育苗

可于早春2月下旬至3月上旬直播于小拱棚中。但多数情况下采用提前育苗而后移栽的方法，在日光温室或电热温床中于2

月上中旬育苗。早春育苗受低温环境影响较大，必须加强采光和保温，精心管理。为提高床温，亦选用马粪、牛粪、园土和过筛的炉灰渣为床土，比例 4：2：2：2，混匀后做成营养土方或采用营养钵育苗。当床土温度升至 10℃ 以上时进行播种。播种前进行晒种和药剂拌种（方法同春露地栽培），每钵播种 34 粒种子。

4. 播后管理

苗期管理主要是温度、湿度管理，可通过揭盖草苫和通风来调节。出苗前不通风，白天保持 25～28℃ 的高温。当有 80% 的苗出土时开始放风，温度降到白天 20～25℃，夜间 15℃。移栽前加强通风，使白天保持 18～20℃，夜间 5～10℃ 即可。但应注意逐渐降温，一次不可降的太多。

苗期的水分管理主要通过多次中耕来保墒，土方育苗时可不中耕。为防降低土温，苗期一般不浇水。菜豆的适宜苗龄为 20d 左右，当第一对单片真叶展开、真叶刚现时进行定植。

5. 定植

小棚上可加盖草苫，定植期可提早到 2 月下旬至 3 月上旬。这样 4 月上旬便进入开花结荚期，4 月下旬即可收获。

保护地中温湿度较高，植株生长旺盛，株行距应适当加大，大约行距 40cm，株距 25cm。定植时按土方起苗，栽好后浇小水，以湿透土坨为宜。

6. 定植后的管理

定植后应保持较高温度，以白天 25℃、夜间 15℃ 以上为宜。要早盖晚揭草苫，一般不放风，当中午温度超过 30℃ 时可小放风。缓苗后温度降至白天 20～23℃，适当早揭晚盖草苫。随温度升高，逐渐加大通风量和通风时间，5 月后可撤掉棚膜。早春温度低，应控制浇水。一般于定植后 5～7d 浇一次缓苗水，而后中耕提温，并适当蹲苗。蹲苗期间中耕 2~3 次，直到开花前浇一次水结束蹲苗，并随水追施硫酸铵每亩 20~25kg。进入结荚期，气温回升较快，要肥水充足，保持土壤湿润。至拉秧前一般浇水 3~4 次，追肥 1~2 次。生长后期，为防早衰，更要补充肥水，可叶面喷施 0.2%~0.3%尿素和磷酸二氢钾。

7. 采收

春早熟菜豆应适当早采，一般 3~4 次采收完毕，采收期只有 1 个月左右，主要供应 4 月蔬菜淡季。如第一批嫩荚采收后植株尚保持旺盛，可再每亩追施硫酸铵 15~30kg，促进腋芽抽生花序，进行第二次结荚，使采收期延长到 6 月底。

8. 剪枝再生，促增产

如第一批嫩荚采收后植株尚保持旺盛，无衰老现象，这时用剪刀从茎部分枝处留 4~5cm，剪去以上部分。剪枝后加强管理，晴天浇小水，随水每亩追施磷酸二铵 10kg，促进腋芽抽生花序，进行第二次结荚，使采收期延长到 6 月底。还可第 2 次剪枝，但要注意加强管理，使之长势良好。

（五）大棚菜豆春早熟栽培

1. 品种选择

大棚栽培由于空间大一般选择蔓生品种，以延长供应期，获得优质高产。适宜的品种有老来少、丰收一号、双丰一号、新秀 2 号等。

2. 育苗方法

由于大棚在 3 月中下旬才能栽种菜豆，所以一般先在日光温室或温床育苗，然后移栽到大棚，以达到早熟之目的。

营养钵育苗：一般选用 10cm×10cm 的营养钵，内装营养土。营养土通常为园土 50%，鸡粪堆肥 50%，每立方米再加入过磷酸钙或钙镁磷肥 3~4kg，复合肥 3~4kg。拌匀装钵播种，然其放入苗床或电热温床上。

两段育苗法：为节省用地，可先在苗床大密度播种，然后再移栽到营养钵或营养土中。播种床一般用电热温床，上铺 10cm 厚河沙，浇透水后按 6cm×3cm 距离点播。播后温床平扣薄膜，并加盖草苫。当幼苗第 1 对单片真叶展开时移栽到营养钵或营养土方中。每钵栽 3~4 株。

3. 苗期管理

播种后 25℃左右的温度，出苗后降到白天 20℃左右，夜间 15℃左右。第 1 真叶展开至定值前 10d 正值根系生长和花芽分化时期，应适当提高温度，20~25℃，夜间 10~15℃。定植前 5d 降至 5~10℃。营养钵育苗在土壤干燥时可适量浇水，两段育苗法在分苗时浇一水之后也可不再浇水。特别是定植前 7~10d 不要浇水。早春育苗苗龄可适当大些，一般 25~30d，利于早熟。菜豆壮苗的标准是初生叶和真叶大，叶色绿，节间和叶柄短。

4. 扣棚、整地、做畦

上茬作物拉秧后即进行深翻晒土。定植前半个月每亩施农家肥 5 000 kg，过磷酸钙 50kg，硫酸钾 25kg，饼肥 100kg。深耕耙平后做成 1~1.2m 宽的小高畦，之后扣上薄膜进行烤地，准备定植。

5. 定植

华北、华东地区大棚栽培一般以 3 月中下旬为宜，10cm 地温应稳定在 12℃以上。定植时先开沟灌水，待水渗下后栽苗；或先开沟栽苗后灌水。无论哪种栽法灌水量都不要过大，以湿透土坨为准，栽后上面覆盖干土。每畦栽两行，采用吊架时，行距 40~50cm，穴距 20~25cm，两畦间距 70~80cm；用竹竿插架时，行距 70~80cm，两畦间距 40~50cm。

6. 定植后的田间管理

（1）温度管理　缓苗前不通风、不浇水，保持温度在 25℃。如温度偏低，夜间可加盖或进行浮动覆盖。缓苗后开始通风，保持白天 20~25℃，夜间不低于 13℃即可。开花前保持白天 25℃，夜间不低于 10℃。进入结荚期，白天 22~25℃，夜间 13~15℃。进入 5 月后，随外界气温增高，应逐渐加大通风量，夜间温度不低于 15℃时可昼夜通风。白天防止出现 27℃以上的高温，也可在适当时候撤掉棚膜，进行露地管理。

（2）中耕及肥水管理　早春温度低，定植后主要依靠中耕进行保墒，少浇或不浇水。一般定植 2~3d 即开始中耕培土，以提高地温。缓苗后浇一次缓苗水，闭棚 3~5d，提高温度。之后进入蹲苗期，其间进行 2~3 次中耕。甩蔓时结束蹲苗，浇一次透水。并随水追施稀粪肥每亩 1 000 kg 或硫酸铵 30kg，几天后再浇一次水。进入开花期禁止浇水。当第一批幼荚坐住 5cm 大小时再肥水齐放，促进幼荚伸长，这就是所谓的"浇荚不浇花"。以后每 7~10d 浇一次水，每次随水追施化肥 10kg 或粪稀300kg。前期可叶面喷施 0.01%~0.03%的钼酸铵，后期可叶面喷施 0.2%~0.5%尿素和磷酸二氢钾。

（3）其他管理　在甩蔓 30~50cm 时及时插架或用塑料绳引蔓。生长后期应将下部老叶打掉，以利通风透光。一般从定植后 35~45d 开始收获，可一直采收到 6 月下旬或 8 月上旬。

（六）大棚菜豆秋延后栽培

1. 品种选择

大棚秋延后栽培也多选用架豆品种，以较耐热的丰收一号、青岛架豆、老来少、秋紫豆等为首选。

2. 播种期与播种方法

由于架豆收获期较长，加上从播种到始收所需天数，就此推算播种期一般在 7 月下旬至 8 月初。9 月中下旬开始收获，直至 11 月中下旬拉秧。

如果前茬拉秧较早，一般在棚内直播，株行距基本同春播架豆；如前茬拉秧较晚，可在其他地块搭荫棚育苗，然后移栽到大棚。

3. 移栽及田间管理

直播的打足底水后苗期一般不浇水，只在出苗后进行中耕。育苗移栽的在苗龄为 20~25d，带土坨定植，覆土后浇水，2~3d 后再浇一次缓苗水。

植株抽蔓后进行第一次追肥，然后中耕培土，插架吊蔓。以后的肥水管理基本同春早熟栽培。

4. 扣棚及扣棚后的管理

进入 9 月下旬，温度逐渐降低，应及时扣上薄膜，原来只扣天棚的也应扣好边围。但扣棚初期应进行大通风，保持白天 30℃以下，夜间 15℃以上即可。10 月中旬以后减少通风，停止追肥并控制浇水。进入 11 月大棚四周可围上草苫防寒保温，尽量延长生长期。

（七）日光温室秋冬茬菜豆栽培

1. 品种选择

菜豆秋冬茬栽培，宜选择分枝少，小叶型的中早熟蔓生品种，常用品种有嫩丰 2 号、一尺青、芸丰（623）、绿丰、丰收 1 号、老来少等。各地可根据当地市场的销售情况选择消费者喜欢的品种栽培。

2. 种子处理

播种前选择籽粒饱满纯正的新种子进行处理，方法如下：

（1）用 0.1% 福尔马林药液或 50% 代森锌 200 倍液浸种 20min，清水冲洗后播种。可防止炭疽病发生。

（2）用 50% 多菌灵可湿性粉剂 5g 拌种 1kg，可防止枯萎病发生。

（3）用 0.08%~0.1% 的钼酸铵液浸种，可使秧苗健壮，根瘤菌增多。用钼酸铵溶液浸种时，应选将钼酸铵用少量热水溶解，再用冷水稀释到所需浓度，然后将种子放入浸种 1h，用清水冲洗后播种。

3. 播种时期

可根据设施的保温、采光条件，栽培管理水平，种植茬口以及要求上市时间来确定。8 月下旬至 10 月上旬均可播种。早播产量高，晚播产量较低，但效益较好。如冬暖大棚保温采光条件好，管理水平高，适当晚播，可提高效益。

4. 整地施肥

前茬收获后及时清除残株枯叶，浇一次透水，晒地 2~3d，每亩施腐熟有机肥 5 000~6 000kg，过磷酸钙 50kg，氮磷钾复合肥或磷酸二铵 50kg 作基肥，深翻 25~30cm，晒地 5~7d，耙平做成平畦、高畦或中间稍洼的小高畦均可，畦宽 1~1.2m。

5. 播种方法

每畦播种两行，行距 50~60cm，穴距 25~30cm 开穴，穴深 3~4cm，穴内浇足水，水渗后每穴播 3~4 粒种子，覆土 2cm 左右，切不可把种子播在水中或覆土过深，以防烂种。

播前覆地膜，并按穴距用铲刀在地膜上切成十字，开穴播种。播种后将"十"字形地膜口恢复原位，并压上少许细土。幼苗出土后及时将出苗孔周围地膜封严，防止膜下蒸气蒸伤幼苗。

为增加菜豆群体内的通风透光，减少落花落荚，提高菜豆产量，可与其他矮生小菜间作，1~2 畦菜豆可间作 1 畦矮生小菜。

6. 田间管理

（1）补苗 菜豆子叶展开后，要及时查苗补苗。保证菜豆苗齐是提高产量的关键措施之一。

（2）浇水 播种时底墒充足的，从播种出苗到第 1 花序嫩荚坐住，一般不浇水，要进行多次中耕松土，促进根系、叶片健壮生长，防止幼苗徒长。如遇干旱可在抽蔓前浇水一次，浇水后及时中耕松土，第 1 花序嫩荚坐住后开始浇水，以后应保证较充足的水分供应。浇水时应注意：①避开盛花期浇水，防止造成大量落化落荚，引起减产；②扣棚前外界气温高时，应在早、晚浇水；③扣棚后外界气温较低，应选择好天中午前浇水，浇水后及时通风排出湿气。防止夜间室内结露，引起病害发生。

（3）追肥 第 1 花序嫩荚坐住后，结合浇水每亩追施硫酸铵 15~20kg 或尿素 10kg，配施磷酸二氢钾 1kg，或施入稀人粪尿 1 000 kg。以后根据植株生长情况结合浇水再追肥一次。

生育期间可进行多次叶面追肥。亦可结合防治病虫用药时进行。叶面肥可选用 0.2%尿素、0.3%磷酸二氢钾、0.08%硼酸、0.08%钼酸铵、光合微肥、高效利植素等。有利于提高坐荚率，增加产量，改善品质。

（4）化控 幼苗 3~4 片真叶期，叶面喷施 15mg/kg 多效唑可湿性粉剂，可有效地防止或控制植株徒长。扣棚后如有徒长现象，可再喷一次同样浓度的多效唑。

开花期叶面喷施 10~25mg/kg 萘乙酸及 0.08%硼酸可防止落花落荚。

（5）吊蔓 植株开始抽蔓时，用尼龙绳吊蔓。吊蔓绳要长于地面到棚顶的距离，以便植株长到近顶棚时，在不动茎蔓的情况下落蔓、盘蔓延长采收期，提高产量。落蔓前应将下部老叶摘除并带出棚外，然后将摘除老叶的茎蔓部分连同吊蔓绳一起盘于根部周围。使整个棚内的植株生长点均匀地分布在一个南低北高的倾斜面上。

（6）扣棚管理　冬暖大棚一般在 10 月上旬扣棚，扣棚后 7~10d 内昼夜大通风，随着外界温度的降低，应逐渐减少通风量和通风时间，但夜间仍应有一定的通风量，以降低棚内温度和湿度。在外界低气温降到 13℃ 时，夜间关闭底风口，只放顶风，夜间气温低于 10℃ 时关闭风口，只在白天温度高时通风。11 月下旬以后，夜间膜上盖草苫，防止受冻，延长采收期。扣棚后温度管理原则：出苗后，白天温度控制在 18~20℃，25℃ 以上要及时通风，夜间 13~15℃。开花结荚期，白天温度保持在 18~25℃，夜间 15℃ 左右。

（八）日光温室冬春茬菜豆栽培

1. 品种选择

日光温室也以架豆为首选，同时要求低温，耐阴、耐较高的空气湿度。常用品种有丰收一号、福三长丰、架豆王、一尺莲等。

2. 适期播种

冬季温度比较低，生长较慢，从播种到收获的时间比较长。为了赶在春节上市，播种期应在 11 月中旬，到严冬来临，幼苗已长到一定大小，较为耐寒。

3. 整地、做畦及播种

（1）直播　如前茬在 11 月上旬收获完毕，应立即深耕，将病虫杂草翻入下层。然后增施有机肥每亩 5 000 kg 以上、复合肥

50kg，深耕混匀，做成 1.2m 宽的高畦。将晾晒后的种子用 1%
福尔马林浸种 10~15min，清水冲洗后播种。按行距 60~80cm，
穴距 20~25cm 播种，每穴 2~3 粒种子。播后覆土并覆地膜
保温。

（2）育苗　前茬收获较晚时，先在其他地块或温室的边缘
地角进行育苗，然后移栽。育苗及移栽方法参考大棚春早熟
栽培。

4. 播后至采收前的管理

出苗前保持较高的温度，地温 12℃以上，气温 20~25℃。
子叶展开后气温降至 15~20℃，并及时划开地膜或揭开地膜，
之后连续中耕 2~3 次。进入抽蔓期保持白天 20~25℃，夜间
13~15℃，超过 25℃时及时通风降温。开花结荚期以白天 20~
22℃，夜间 15~17℃为宜，当温度降到 15℃以下时及时加盖草
席保温。

苗期一般不浇水施肥，直至开花前仍需控制浇水。采用营养
钵育苗时需浇 1~2 次小水。当苗有 3 片真叶、苗龄 20~25d 时及
时移栽。浇缓苗水后中耕 2 次。蔓长 30cm 时插架。

5. 采收期管理

第 1 批荚坐住后增加灌水量，保持土壤湿润，但应尽量晴
天中午浇水，利于恢复地温。整个生育期需浇水 5~6 次，追肥
2~3 次。温室环境下肥水不要过多，否则菜豆容易徒长、发
病。注意及时采收嫩荚，促进下一批花的成荚率，也可延迟植
株衰老。

四、菜豆病虫害及其防治

（一）菜豆病害

1. 菜豆锈病

（1）本病由真菌疣顶单胞锈菌侵染引起，属担子菌亚门，锈菌目。本菌属全孢型单主寄生菌，孢子具多型性，先后产生性孢子、锈孢子、夏孢子、冬孢子和担孢子，但在植株上最易看到的是夏孢子和冬孢子。病菌除为害菜豆外，扁豆和绿豆亦被侵染。

（2）田间识别　主要为害叶片，叶柄、茎和豆荚也被侵染。在叶片上初生黄白色或苍白色斑点，中部稍隆起，后变为黄褐色疱斑（病菌夏孢子堆），表皮破裂后，散出红褐色粉状物（病菌夏孢子），通常在叶片背面发生较多，发病后期夏孢子堆变为黑色，或在衰老叶片上另生黑色疱斑（病菌冬孢子堆），冬孢子堆表皮破裂后，散出黑褐色粉末状物（病菌冬孢子），发生多时，叶片早枯。在叶柄和茎上症状与叶片上的相似，但疱斑多呈长条状，荚上发生的孢子堆（疱斑）一般比叶上的大。

（3）发病原因　病菌主要以冬孢子随同病残体留在地上越冬，冬孢子萌发时产生担子及担孢子引起初侵染。但在植株生长期间，主要靠夏孢子通过气流传播进行重复侵染。温度 20～25℃，多云潮湿发病重，高温低湿发病轻，矮生种较抗病，蔓生种易感病。

（4）防治要点　采收后清除田间病残体，集中烧毁，重病区选种抗病品种。喷洒杀菌剂：25%粉锈宁可湿性粉剂 1 500～2 000 倍液；50%萎锈灵可湿性粉剂 1 000 倍液。

2. 菜豆细菌性疫病

（1）本病由细菌野油菜黄单胞菌菜豆致病变种侵染引起，病菌除侵染菜豆外，还为害豇豆、扁豆、绿豆、赤豆等。

（2）田间识别　主要为害叶片，茎和豆荚也被害。叶片发病多从叶尖或叶缘开始，叶斑不规则形，褐色，病部组织干枯，半透明，周围有黄色晕环。天气潮湿时，病斑上常分泌淡黄色黏液（细菌菌脓），最后引起叶片枯死。茎上病斑条状，红褐色，稍凹。在豆荚上，初生暗绿色油浸状斑点，扩大后为不规则形，红色或红褐色，有时略带紫色，最后变为褐色的病斑，斑面凹陷，在潮湿环境下，斑面常有淡黄色菌脓。病种子种皮皱缩，有黑色微凹的斑点。

（3）发病原因　病菌主要在病种子内越冬，2~3年仍具有生活力，播种带菌种子，长出的幼苗即是病苗，在其子叶及生长点上，产生菌脓，借风雨、昆虫传播，从植株的水孔、气孔及伤口侵入。病菌发育适温30℃。在适温范围内，植株表面有水滴或呈水膜状湿润，均有利本病发生。高温、高湿、密植不通风，雨水多，发病重。

（4）防治要点　播种前用45℃温水浸种10min进行温汤处理。与非豆类作物轮作2~3年。加强田间管理，排除渍水，株行间通风透光。喷洒杀菌剂：78%科博可湿性粉剂500~600倍液；77%可杀得（2000）可湿性粉剂1 200倍液；12%绿乳铜乳油600倍液。每10d喷药一次，共2~3次。

3. 菜豆炭疽病

（1）本病由真菌豆刺盘孢侵染引起，属半知菌亚门，黑盘孢目。病菌除为害菜豆外，还侵染扁豆、绿豆、豇豆、蚕豆等豆科作物。

（2）田间识别　全生育期均可发病。苗期子叶病斑圆形。

红褐色，凹陷，溃疡状。子茎病斑条状，锈色。成株叶片多发生在背面的叶脉上，初呈红褐色，后变为黑色至黑褐色条斑，相互连接，形成三角形或多角形。叶柄和茎上病斑褐锈色，细条状，凹陷和龟裂，有时病斑相互愈合，形成长条斑。荚上病斑圆形或近圆形，褐色至黑褐色，周缘明显，稍隆起，内部凹陷，外围常有红或紫红色晕环。潮湿时，斑面常分泌出粉红色黏质物（病菌）。种子病斑黄褐色至褐色，大小不一，略向下凹。

（3）发病原因　病菌主要以菌丝体在种子内越冬，带菌种子发芽后直接侵染子叶，孢子借雨水传播侵染。发病温度为17℃左右，相对湿度100%，如温度超过27℃，湿度低于92%，病害很少发生。一般蔓生种抗病，矮生种感病。温凉多湿（多雨、多露或重雾）的环境发病重。

（4）防治要点　选用无病种子。与非豆类蔬菜轮作2~3年。加强田间管理，排除积水，株行间通风透光。喷洒杀菌剂：65%代森锌可湿性粉剂500倍液；70%代森锰锌可湿性粉剂500倍液；75%百菌清可湿性粉剂600倍液；80%喷克可湿性粉剂600倍液；80%大生500倍液。每10d喷药一次，共2~3次。

4. 菜豆枯萎病

（1）本病由真菌尖镰孢菜豆专化型侵染引起，属半知菌亚门，瘤座孢目。寄主范围很窄，只为害菜豆属。

（2）田间识别　本病多在开花前后开始发生，植株叶片由黄变褐，全叶枯死，脱落。根部变色腐烂，容易拔起。如将茎基部纵切，可见其维管束呈褐色至黑褐色。发病后期整株枯死。

（3）发病原因　病菌主要以菌丝体随病残体留在地上越冬，并能在土中行腐生生活。种子也能带菌，播种带菌种子，长出的幼苗即是病苗。植株生长期间通过流水、土壤、耕作等传播，从根部伤口侵入，在植株的维管束组织的导管中生长发育，并向上扩展。温度24~28℃，相对湿度在70%上时，病害发生多，为害也严重。低于 24℃或高于 28℃发病轻。

（4）防治要点 播种前，种子用 50%多菌灵可湿性粉剂拌种消毒，用药量是种子重量的 0.5%。选种适宜本地区种植的抗病品种，如丰收 1 号、锦州双季豆、九粒白、意大利豆、青岛豆、七一豆、北京百架豆、秋抗 19 号等。与非豆类蔬菜轮作 3～4 年。加强田间中后期管理，避免土壤过湿或雨后渍水。药液灌根，每株用 50%多菌灵可湿性粉剂 1 000 倍液 250～300ml，每10d 灌药一次，连续灌药 2～3 次。

5. 菜豆花叶病

（1）本病由普通花叶病毒侵染所致。病毒除为害菜豆外，还能侵染豇豆、蚕豆、扁豆等豆科作物。汁液接触和蚜虫（棉蚜、桃蚜、莱缢管蚜、菜蚜、豆蚜、黑蚜等）传染，种子带毒率高达 30%～50%，土壤不传病。

（2）田间识别 主要表现在叶片上，嫩叶初呈明脉、失绿、皱缩、花叶或斑驳，浓绿部分常隆起呈疱斑，叶面不平，有的品种叶片畸形，叶片向下弯曲。早期感病的，病株矮缩，开花延迟。

（3）发病原因 本病主要由带毒种子传染。播种带毒种子，长出的幼苗即是病苗，在植株生长期间，通过蚜虫吸食过程中传染给健株。蚜虫传毒是非持久性的。蔓生种比矮生种发病重。品种间差异很大。少雨干旱年份，蚜虫发生多，发病重。温度高于30℃或低于 15℃时，一般不表现病状。

（4）防治要点 选用抗病品种。加强田间管理。及时防治蚜虫，喷洒 20%氰戊菊酯 2 000～3 000 倍液或 50%辟蚜雾可湿性粉剂 2 000 倍液。喷洒植物双效助壮素（病毒 K）或台农高产宝叶面肥可湿性粉剂 1 000 倍液，提高植物的抗病性。

6. 菜豆菌核菌

（1）本病由真菌核盘菌侵染引起，属子囊菌亚门，柔膜菌目。病菌寄主范围广，有 64 科 225 属 383 种植物。在蔬菜作物中，除豆科作物外，十字花科、茄科等发生也很普遍。

（2）田间识别　茎秆发病多从下部分枝处开始，病部褪绿，变白，最后枯死，周边褐色。病斑初为不规则形，扩大和环绕茎秆后，病茎上部枝叶萎蔫枯死。叶、花、荚发病呈水浸状腐烂，潮湿时，病部长出白色棉絮状菌丝体，并长出初呈灰白色后变为黑色的鼠粪状菌核。

（3）发病原因　病菌主要以菌核在土中越冬，菌核无休眠期，在 5~25℃ 的温度和潮湿的环境下萌发，产生子囊盘及子囊孢子。子囊孢子借气流传播，侵染为害，此外病部菌丝与健部接触亦能侵染，混有菌核而未腐熟的肥料也具有传病作用。菌核在土中可存活 3 年以上。菌核埋土中 10cm 以下不能萌发。蔓生种菜豆开花结荚后田间郁闭高湿，有利菌核萌发和子囊孢子侵染。

（4）防治要点　收获后深翻菜地，菌核深埋土中，促进菌核腐烂死亡。播种前汰除混杂在种子中的菌核。加强田间管理，地面通风排湿。喷洒杀菌剂：40% 菌核净可湿性粉剂 1 000~1 500 倍液；50% 速克灵可湿性粉剂 2 000 倍液；50% 扑海因可湿性粉剂 1 000 倍液，每 10d 喷药一次，共 2~3 次。

7. 菜豆灰霉病

（1）本病由真菌灰葡萄孢侵染引起，属半知菌亚门，丛梗孢目。寄主范围较广，除豆科蔬菜外，茄科蔬菜、莴苣、黄瓜等均被侵染。

（2）田间识别　主要为害茎基部和豆荚。病部初呈水浸状，无明显边缘，后变褐色，面上生灰色霉层（病菌分生孢子及分生孢子梗）。茎部被害部环绕一周后，其上端枝叶迅速萎蔫。荚部被害后发生腐烂,在病荚上生灰色霉状物(病菌)。

(3)发病原因 病菌主要以菌核随同病残体在土中越冬,产生分生孢子随气流传播侵染为害。病菌属弱寄生菌型,在寄主植物生长衰弱,抗病差的状况下才易被侵染。病菌发育适温23℃,最低温度2℃仍能生长发育,对湿度要求很高,早春保护地栽培时,湿度大,温度低,不影响病菌分生孢子产生和萌发,但低温下降低植株的抗病力,发病重。此外,栽种过密,地面渍水,不通风,不透光,也易引起灰霉病发生。

(4)防治要点 保护地栽培注意保温和降低湿度。及时摘除病荚,避免病菌蔓延。喷洒杀菌剂:50%扑海因可湿性粉剂1 000倍液,50%速克灵可湿性粉剂2 000倍液;25%多菌灵可湿性粉剂400~500倍液;75%百菌清可湿性粉剂600倍液。每隔7~10d喷药一次,共2~3次。

8. 菜豆绵腐病

(1)本病由真菌瓜果腐霉侵染引起,属鞭毛菌亚门,霜霉目。寄主范围很广。许多蔬菜幼苗被害后发生猝倒病,也为害一些蔬菜果实发生果腐。

(2)田间识别 为害叶片和豆荚。在豆荚上初生水浸状斑点,扩大后为褐色、边缘不明显的不整形病斑,可扩大至整个豆荚,在病荚表面密生白色绵状物。在叶片上,病部初呈水浸状斑点,扩大后呈褐色、边缘不明显病斑,表面有或缺白色绵状物。多雨潮湿,病荚和病叶易发生腐烂。

(3)发病原因 病菌以卵孢子或菌丝体随病残体在地上越冬,产生孢子囊及游动孢子,藉雨水、灌溉水和风雨传播侵染为害。本菌在15~16℃时侵染较快,30℃以上发育受阻,要求湿度较高,一般在相对湿度95%以上。菜地潮湿,植行间密不通风,湿度大,病害发生多,为害也重。

(4)防治要点 加强田间管理,保持地面干燥,避免密植,株行间通风透光。喷洒杀菌剂：75%百菌清可湿性粉剂 600 倍液；72%克露可湿性粉剂 800 倍液；58%雷多米尔锰锌可湿性粉剂 500 倍液；80%大生可湿性粉剂 500 倍液。着重喷洒植株中下部位，每 10d 左右喷药一次，共 2~3 次。

（二）菜豆生理性病害

1. 矮生菜豆伸蔓和嫩荚变色的原因

菜豆在保护地抢早栽培过程中，节间伸长期，由于棚内容易形成高温、高湿的条件，使节间伸长速度快，幅度较大，尤其主枝顶端节间明显拉长，农民误认为蹲豆伸蔓，通过观察主枝顶端是花芽而不是叶芽，在伸长的主枝上不明显，把这种现象称为"花枝拉长"，这种现象是由于节间伸长期遇高温、高湿所致，露地比保护地出现少，北方地区比南方地区出现少，对产量没有影响，这是矮生菜豆所特有的异常生理现象。

菜豆在秋天或延后栽培过程中，嫩荚是绿色或白色的品种，由于秋天白天云层薄，太阳光线强，夜温较低，叶绿素形成受到抑制，荚皮中含有的花青素显现，绿色的嫩荚和白色嫩荚变成紫红色或绛紫色嫩荚，这种温光现象表现在嫩荚的迎光面，属于花青素反应，与种子质量无关。

2. 落花落荚

（1）落花落荚的原因

①温度过高或过低。菜豆花芽分化和发育的适宜温度为 20~25℃，低于 15℃ 或高于 28℃ 时，易出现发育不完全的花蕾。引起落花，30℃ 以上严重落花率达 90% 左右。受精的适宜温度为 18~23℃，35℃ 以上植株体内同化物积累减少，豆荚变短、畸形，45℃ 以上不能结荚。25℃ 以上高温花蕾不能开放。温度低于 10℃ 时，阻碍花芽发育或受精结荚。②营养不足。菜豆花芽分化

早，植株较早进入营养生长于生殖生长并进阶段，开花初期植株本身与花、荚争夺营养而引起落花、落荚，尤其是徒长苗。开花中期，因开花数多，花序间、花和荚间争夺营养激烈，晚开的花朵容易脱落。开花后期由于受不良气候条件如高温或低温的影响，植株同化效率降低，同化物积累不足以满足花荚所需时，发生落花落荚。③光照不足，通风不良。菜豆的发育对日照长短要求不严格，但对光照强度反映很敏感，尤其在花芽分化后，当光照强度弱时，同化效率低，落花、落荚数增多。如果栽植密度过大，或支架不当，植株下部郁闭，不仅光照不足，而且通风不良，因而下部落花、落荚比上部更多。④湿度太大或太小。菜豆适宜的土壤湿度是最大持水量的 60%～70%，空气相对湿度为55%～65%。湿度对开花结荚的影响与温度密切相关，在较低温度下，湿度的影响较小，而高温下则影响非常大。若遇高温、高湿，柱头表面的黏液失去对花粉萌发的诱导作用；而高温干旱又会使花粉畸形，失去生活力或萌发困难，这两种情况下都会引起大量的落花、落荚。

（2）落花落荚的防止措施

栽培技术措施：①选用适应性广，抗逆性强，坐荚率高的优良品种。②精选种子，掌握适宜的播种时间，使植株的生长发育处在良好的环境条件下。③加强肥水管理：种植地施足基肥；追肥做荚前少施，结荚期重施，并增施磷、钾肥；苗期控制浇水，注意中耕保墒，促进根系生长；初花期不浇水，以免植株徒长引起落花；第一层果荚长至半大时再浇水；蹲苗到第一花序的荚长至半大时及时结束，蹲苗期过长会引起植株早衰。④选择土质疏松、排水良好的土块。畦的形式因地制宜，要求排灌方便。⑤及时防治病虫害，保持植株健壮。

喷施植物生长调节剂：用 5～20μl/L 的萘乙酸或 2μl/L 对氯苯酚代乙酸喷洒在开花的花序上，可减少落花，提高结荚率，但效果不稳定。喷施 15μl/L 的吲哚乙酸也可降低落花率；对于菜豆采种株，用 5~25μl/L 的赤霉素喷洒植株顶端，不仅提高结荚率，还可促使种子提早成熟。

（三）菜豆虫害

1. 豆类根结线虫病

（1）本病由根结线虫侵染引起，主要种有花生根结线虫、南方根结线虫、北方根结线虫、爪哇根结线虫等，我国华南、华东及华北均有发生。其中南方根结线虫寄主范围广，几乎包括各种作物，豆科作物中较常见的有绿豆、菜豆、红豆、赤小豆、扁豆、大豆等。

（2）田间识别　本病主要为害地下根部。地上部病株叶片褪绿黄化、矮小瘦弱，与其他根部病害及缺氮引起的地上部症状相似。根部肿大形成大小不等的瘤状根结，根结上部形成短支根及许多密集的须根。后期根常腐烂。

（3）发病原因　根结线虫病以土中的卵囊团、病残根结为主要的初侵染源。线虫在田间蔓延主要借农事操作和水流传播。土中线虫 95% 在表层 20cm 内的土壤中。根结线虫好气性，一般地势高燥，土质结构疏松的砂质土壤，适于线虫活动，病害发生较普遍和严重。土质黏重、潮湿，结构板结，不利根结线虫活动，发病轻。

（4）防治要点　发病严重地块，如有条件时，进行 1 年的水旱轮作，可收到良好效果。化学防治杀线虫剂有 3% 米乐尔颗粒剂，每亩用量 3~5kg，结合整地撒施与土面混合，或沟施，一般药效保持 2 年以上。

2. 豌豆潜叶蝇

（1）豌豆潜叶蝇又叫夹叶虫、叶蛆、拱叶虫等，除西藏自治区外,我国其余各地均有分布。主要为害豌豆、蚕豆等豆类作物。

(2)田间识别 幼虫在叶片组织中潜食叶肉,形成弯弯曲曲的蛀化道。严重时,可使叶片枯萎,影响豆类果荚饱满,降低产量。成虫为小型的蝇子,长约2mm,头部黄色,复眼红褐色,触角和足黑色,胸腹部灰褐色,上有许多细长毛。翅透明,有彩红光泽。雌虫腹大,末端有漆黑色产卵器。幼虫蛆状,长约3mm,长圆筒形,低龄体乳白色,后变为黄白色。身体柔软透明,体表光滑。

(3)发生规律 豌豆潜叶蝇在辽宁1年发生4~5代,在华北1年发生5代,在福建1年发生13~15代,在广东1年发生18代。主要以蛹越冬,各地均从早春起,虫口数量逐渐上升,到春末夏初达到为害猖獗时期,主要为害豌豆、蚕豆。成虫白天活动,吸食花蜜,对甜汁有较强的趋性。卵散产。幼虫孵化后即潜食叶肉,出现曲折的隧道。

(4)防治方法 及时清除菜田内、田边杂草和带虫的蔬菜老叶,以减少下代及越冬代的虫源基数。诱杀成虫,在越冬成虫羽化盛期,用诱杀剂点喷植株,每10m² 点喷10~20株。诱杀剂用甘薯和胡萝卜煮液为诱饵,加0.05%敌百虫为毒剂制成。每隔3~5d点喷1次,共喷5~6次。掌握成虫盛发期,及时防治成虫,或始见幼虫潜蛀的隧道时为第一次用药适期,每隔7~10d喷1次,共喷2~3次。

3. 豆荚螟

(1)荚螟俗名豆蛀虫、红虫、红瓣虫。国内广泛分布,以华东、华中、华南受害最重。主要为害大豆、菜豆、扁豆、豇豆、豌豆等豆类的豆荚和种子。

(2)田间识别 以幼虫蛀荚为害。幼虫孵化后在豆荚上结一白色薄丝茧,从茧下蛀入荚内取食豆粒,造成瘪荚、空荚,降低产量和影响种子的质量。成虫体长 10～12mm，翅展 20～24mm，体灰褐色或暗黄褐色。前翅狭长，沿前缘有一条白色纵带，近翅基 1/3 处有一条金黄色宽横带。后翅黄白色，沿外缘褐色。幼虫共 5 龄，老熟幼虫体长 14～18mm，初孵幼虫为淡黄色，以后为灰绿直至紫红色。4～5 龄幼虫在背板前缘中央有"八"字形黑斑，另有 4 块黑斑。老熟幼虫背线、亚背线、气门线及气门下线均明显。

（3）发生规律　从北到南一年发生 2～8 代。各地主要以老熟幼虫在寄主植物附近土表下 5～6cm 处结茧越冬。在长江流域及河南等省 4～5 代区，越冬代幼虫在 4 月上中旬化蛹，4 月下旬到 5 月中旬陆续羽化出土。越冬代成虫在豌豆、绿豆或冬季豆科绿肥作物上产卵发育为害。成虫昼伏夜出，趋光性弱。大豆结荚前卵多产于幼嫩的叶柄、花柄、嫩芽或嫩叶背面，结荚后多产在豆荚上，有毛品种的豆荚上产卵尤多。幼虫孵化后为害叶柄、嫩茎、蛀入荚内取食豆粒，食尽后转荚为害。转荚为害时，入孔处有丝囊，但离荚孔无丝囊，末龄幼虫离荚入土作茧化蛹，茧外粘有土粒。

（4）防治方法　避免与豆科作物连作或邻作，或水旱轮作，及时翻耕整地或除草松土，有条件地区可冬春灌水，及时收割大豆，减少越冬虫源。选择早熟丰产、结荚期短、少毛或无毛品种。化学防治于发蛾盛期和卵孵盛期及时喷药防治，用 2.5% 溴氰菊酯乳油 2 500～3 000 倍液，或 20% 杀灭菊酯乳油 3 000～4 000 倍液喷雾。

4. 豆野螟

（1）豆野螟又称豇豆荚螟，豆荚野螟、大豆卷叶螟，俗称大豆钻心虫。全国各地均有发生，是豆科蔬菜的主要害虫。主要为害豇豆、菜豆、扁豆、四季豆、豌豆、蚕豆、大豆（毛豆）等。

（2）田间识别 幼虫蛀食花蕾，造成落花落蕾，蛀食幼荚，造成落荚，蛀食后期豆荚，造成蛀孔，并有绿色粪便，严重影响品质和产量。此外，幼虫还为害叶片和嫩茎，为害叶片时，吐丝缀卷几张叶片，在内蚕食叶肉，只留下叶脉。成虫：体长约 13mm，体暗黄褐色，前翅黄褐色，有一大两小白色透明斑点，后翅外缘暗褐色宽带，其余为白色，半透明，有若干波纹斑；幼虫：老熟幼虫体长 12~18mm，体黄绿色，腹部各节背面有 4 个黑色大毛片，排成方形。

（3）发生规律 在华北地区 1 年发生 3~4 代，华中地区 1 年发生 4~5 代，在广西壮族自治区（以下简称广西）、福建 1 年发生 6~7 代，在广州 1 年发生 9 代。以老熟幼虫或蛹在土表或浅土层内越冬，在广州无明显越冬现象。成虫昼伏夜出，有趋光性。卵散产在嫩荚、花蕾、叶柄上。初孵幼虫蛀入嫩荚，或蛀入花蕾取食，3 龄后的幼虫大多蛀入果荚内取食豆粒。幼虫老熟后常在叶背主脉两侧吐丝结茧化蛹。豆野螟喜高温高湿，7~8 月多雨，土壤湿度大时，成虫羽化和出土顺利，则大发生。

（4）防治方法 与非豆科作物轮作 1~2 年；及时清除田间落花、落荚，摘除被害卷叶和果荚，消灭幼虫。利用黑光灯诱杀成虫；用 Bt 乳剂 500 倍液喷雾；或在盛花期或卵孵盛期，用溴氰菊酯或杀灭菊酯对水喷雾。

5. 美洲斑潜蝇

（1）美洲斑潜蝇又称蔬菜斑潜蝇，美洲斑甜瓜潜蝇，苜蓿斑潜蝇。世界上最危险的一类检疫性害虫。1994 年在我国的海南、广东等省首先发现了美洲斑潜蝇的为害，到 1996 年疫情已扩展到 21 个省市、自治区。

（2）田间识别 美洲斑潜蝇主要以幼虫潜食寄主叶肉，潜道最初呈"针尖状"，虫道终端明显变宽，隧道两侧边缘具有交替平行排列的黑色粪便，后形成湿黑和干褐区域的蛇形或不规则的白色潜道，俗称"鬼画符"。为害严重时，叶片组织几乎全部受害，叶片上布满潜道，甚至枯萎死亡。成虫产卵也造成伤斑。虫体的活动还传播多种病毒病。成虫：体长 1.3～2.3mm，翅展 1.3～2.3mm。体淡灰色，头部的外顶鬃着生在黑色区域，内顶鬃着生在黄色区域；胸部的前盾片和盾片亮黑色，小盾片鲜黄色。翅 1 对，后翅退化为平衡棍。雌虫较雄虫体稍大。幼虫：老熟幼虫体长约 3.0mm，无头蛆状。初孵幼虫无色。到 2 龄和 3 龄变成鲜黄色和浅橙黄色。腹部末端有一对圆锥形的后气门，在气门顶端有 3 个球状突起的后气门孔。

（3）发生规律　一年发生的代数随地区而不同，在广东一年发生 5～15 代，完成一代需要 15～30d。可周年繁殖，世代重叠明显，种群发生高峰期和衰退期极为明显。以春季和秋季为害较重。成虫大部分在上午羽化，雄虫比雌虫羽化早。成虫羽化 24h 后即可交配产卵。成虫白天活动，可吸食花蜜。雌虫刺伤寄主植物叶，作为取食和产卵的场所。取食造成的叶片伤孔中，约有 15% 含有活卵。雌虫产卵成纵向的稍微深入于叶片表皮下，或于裂缝内，有时也产于叶柄内。幼虫孵化后即潜食叶肉，出现曲折的隧道。末龄幼虫在化蛹前将叶片蛀成窟窿，致使叶片大量脱落。30℃ 以上未成熟幼虫死亡率迅速上升。幼虫共 3 龄，幼虫成熟后在破叶片表皮外或土壤表层化蛹。主要靠卵和幼虫随寄主植物叶片、果实以及蛹随盆栽植物的土壤、交通工具等进行远距离传播。

（4）防治方法　美洲斑潜蝇抗药性发展迅速，具有抗性水平高的特点。在非疫区，要严格检疫把关。在发生严重区，要结合蔬菜布局，适当稀植，增加田间通透性，及时清洁田园，将被害作物残体集中处理。采用诱蝇纸透杀成虫。在受害豆类叶片上有 5 头幼虫，且虫道很小时，用 1.8% 爱福丁乳油

3 000~4 000 倍液喷雾。此外，还可用 5%锐劲特悬浮剂，每亩用量 50~100ml、5%抑太保乳油2 000倍液、5%卡死克乳油 2 000 倍液。

6. 苜蓿蚜

（1）为害豆类蔬菜的蚜虫种类很多。除苜蓿蚜外，还有菜蚜、桃蚜、大豆蚜、豌豆蚜、瓜蚜等多种。均吸取汁液，还传播病毒病。其形态特征和为害基本相似，这里以苜蓿蚜为例加以说明。苜蓿蚜又称花生蚜，我国各地均有分布。可为害多种豆科蔬菜和杂草。

（2）田间识别　成虫和若蚜群集寄主的嫩梢、嫩茎、花序吸食汁液，造成植物萎缩，形成龙头状。它分泌的蜜露可诱发煤污病，妨碍植物生长发育。有翅胎生雌蚜：体长 1.5~1.8mm，长卵形，黑绿色，腹部各节背中有不规则形横条。无翅胎生雌蚜：体较肥大，黑色有光泽，外覆很薄的蜡粉，腹背膨大隆起，节间分界不明显。

（3）生活习性　一年发生 20 余代，在南方可周年繁殖，在北方以无翅成虫、若蚜在秋播的蚕豆、豌豆上，以及背风向阳的山坡、沟边野菜的心叶、根茎处越冬，少数以卵越冬。翌年春先在越冬寄主上为害和繁殖，产生有翅蚜后再迁飞扩散。

（4）防治方法　及时清洁田园，清除杂草，以减少越冬虫源；在蔬菜生长季节，可将 5cm 宽的银灰色塑料薄膜条，挂在田间架杆上或放于行间；在黄板上涂机油插于田间，高约 70cm，每亩 30 余块，以诱杀蚜虫。注意保护食蚜瓢虫、蚜茧蜂、食蚜蝇、草蛉等天敌。在蚜虫发生初期，用 50%辟蚜雾可湿性粉剂 2 000~3 000 倍液；10%氯氰菊酯乳油 8 000~10 000 倍液喷雾防治。

7. 地老虎

（1）地老虎属地下害虫。在我国为害严重的地老虎有小地老虎、黄地老虎和大地老虎。以小地老虎发生普遍。黄地老虎主要在东北地区发生为害。下面以小地老虎为例。

（2）田间识别　主要以幼虫为害豆类幼苗。为害时，切断豆类幼苗近地面的茎，造成缺苗断垄，严重时甚至毁种。以春季为害严重，有些地方秋季亦能为害。成虫：体长16~23mm，翅展42~54mm。触角深黄褐色，头、胸褐色，前翅、前缘及外横线间呈黑褐色，内横线、外横线均为双线黑色，波浪形。在内横线和外横线之间有明显肾状纹、剑状纹，各纹均环以黑边。后翅灰白色，翅脉及边缘呈黑褐色，腹部灰色。幼虫：老熟幼虫体长37~47mm。头黄褐色，体灰褐色，背面有淡色纵带。体表皮粗糙，布满圆形黑色小颗粒。腹部1~8节背面各有2对毛片，呈梯形排列，且前面1对小臀板黄褐色，有2条黑褐色纵带。

（3）发生规律　小地老虎在全国各地每年发生2~7代。长江两岸为4~5代，长江以南6~7代。南岭以南可终年繁殖。成虫白天隐蔽，夜间活动。对光及糖、醋、酒等物质趋性较强。幼虫共6龄，3龄地叶背或心叶里昼夜取食而不入土，因食量小为害不大。3龄以后，白天潜伏在2~3cm的表土中，夜间活动，并大量迁入农田垄间，咬断幼苗，并将断苗拖入穴中。老熟幼虫有假死习性，受惊后缩成环形。小地老虎喜温暖、潮湿的环境，月平均气温在13.2~24.8℃，多雨湿润的地区发生量大。若田间管理粗放、杂草多，定植期与3龄以上幼虫发生期吻合，受害重。

（4）防治方法　早春铲除地头、田间杂草，春耕多耙，秋季翻耕暴晒，秋耕冬灌，可消灭部分卵或幼虫蛹，减少基数。利用糖蜜诱杀器（盆）或黑光灯诱杀成虫，或利用较老的泡桐树叶用水浸湿，每亩放置70~80片，次日晨人工捕捉幼虫。药剂防治用2.5%敌百虫粉喷粉，每亩1.5~2kg，或90%敌百虫800~1 000倍液喷雾，可防治3龄以前幼虫。用2.5%敌百虫粉喷粉每亩1.5~2kg拌细土10kg撒在心叶里，或加少量水与压碎炒香的豆饼或麦麸50kg，傍晚施于豆苗周围诱杀。虫龄较大时，每亩可用80%敌敌畏乳油，或50%辛硫磷乳油，或5%二嗪磷200~250g加水400~500kg灌根。清晨拨开断苗附近表土，捕捉幼虫。

8. 朱砂叶螨

（1）为害豆类蔬菜的螨类很多，有截形叶螨、二斑叶螨、侧多食跗线螨。此处以朱砂叶螨为例。朱砂叶螨在我国各地均有分布，主要为害茄果类、瓜类、豆类等多种蔬菜。

（2）田间识别　成螨、若螨在叶背面吸收植物汁液，并吐丝结网，受害处出现灰白小点，或全部褪绿。老叶先受害，逐渐向上蔓延，最后在植株顶端吐丝结团。严重时叶片呈锈褐色、枯焦、脱落、植株早衰。雌成螨体长约0.5mm，椭圆形，红褐色，体两侧各有1块黑斑。足4对。雄螨体长约0.4mm，菱形，红色或淡红色。幼螨体长约0.15mm，近圆形，透明，3对足。若螨体长约0.2mm，体色较深，有明显块状色斑，4对足。

（3）发生规律　1年发生12~15代，以雌成螨在植株枯叶、枯杆、杂草根部，贴土缝里、树裂缝内越冬，第二年春从越冬场所恢复活动，并转移到春季作物上为害、繁殖，开始是点片发生，随繁殖量增加，逐渐扩散到全田。在北方以7~9月发生严重。

（4）防治方法　晚秋及早春及时清除田间杂草和枯老落叶，消灭一部分虫源。天气干旱时及时灌水，增加菜田湿度，可抑制螨类繁殖。药剂防治可用73%克螨特2 500倍液，或复方浏阳霉素1 000倍液，或5%卡死克，或20%灭扫利，或5%尼索朗，或2.5%溴氰菊酯2 000~3 000倍液，或20%双甲脒1 000倍液喷雾。

五、菜豆贮运保鲜技术

菜豆在高温下贮运，呼吸强度很高，豆荚里的籽粒迅速生长，豆荚纤维化程度不断增加并老化，品质降低，严重者失去食用价值，所以菜豆是很难保鲜的蔬菜，多采用低温贮藏。一般只宜贮藏 2~3 周，无冷藏条件的只能贮放 1 周以内。

（一）适期采收

菜豆采收都应在种子尚未充分发育前进行，当豆荚里籽粒已充分发育时，豆荚纤维化、变坚韧，不能用于贮藏。在采收装运中要尽量减少豆荚损伤，尤其是豆荚尖端。

（二）预冷与包装

采收的菜豆应尽快除去田间热，降低呼吸作用，采后要立即放入预冷库或冷库，使豆温降至 10℃ 左右，并在预冷库内进行挑选、分级、装筐（袋）。可用塑料筐或瓦楞纸箱包装，每筐（箱）装至容量的 3/4 即可，筐上部覆盖一层牛皮纸，然后搬入贮藏冷库码垛，罩上塑料薄膜帐。

（三）贮藏条件

临时贮藏须在阴凉、通风、清洁、卫生的条件下进行，严防曝晒、雨淋、高温、冷冻、萎蔫、病虫害及有毒物质的污染。堆码时须轻卸、轻装，严防挤压碰撞。冷藏时须按品种、等级分别贮存。堆码时小心谨慎，须防豆荚损伤，堆码方式须保证气流能均匀地通过垛堆。

1. 贮藏温度

保持 6℃左右的低温。

2. 相对湿度

贮藏库中空气的相对湿度需为 85%~90%。

3. 管理

确保温度和相对湿度的稳定与均匀，定期通风，按时检查，发现腐烂、皱缩或病虫害的豆荚，要及时剔除。可贮藏 1 个月左右。

4. 气调贮藏

将菜豆分小包装放入塑料袋中或将菜豆放入塑料大帐中，上开换气孔或安装硅窗。然后输入工业氮，使袋内氧气保持在 5% 左右，二氧化碳保持在 1%~2% 的水平，温度则保持在 13℃左右；也可采用自然换气法，当袋内氧气低于 2%、二氧化碳高于 5% 时，开袋换气，气调贮藏可贮藏 30~50d。

（四）运输条件

1. 温度

在装运之前应将菜豆进行预冷，如豆荚温度超过 18~20℃，须快速冷却到 10℃，不可到运输车内慢速冷却，否则将会加速豆荚腐烂，运输温度需保持 8~10℃，贮运中要避免温度波动过大，菜豆低于 4~6℃贮运易发生冷害，高于 14℃豆荚则很快纤维化。

2. 相对湿度

处于运输过程的菜豆，空气相对湿度须为 85%~90%，也不能太高，否则会造成严重腐烂。

3. 通风

采取相应的通风措施，及时排出豆荚呼吸所释放的不良气体。

菜豆在运输时最好用冷藏车或在货车顶上及箱外四周放碎冰降温。

六、菜豆加工技术

速冻菜豆也称速冻青刀豆，是出口国际市场的畅销产品。现将其生产工艺介绍如下。

（一）质量要求

其成品色泽呈鲜绿色，均匀一致，无异味，无粗纤维，条形完整。符合食品卫生要求，冻品不结块等。

（二）工艺流程

原料验收→复分级→去尖端→清洗→浸盐水→漂洗→热烫→冷却→沥水→过磅→装袋→封口→冷结→成箱→冷藏→检验。

（三）工艺要点

1. 原料验收

应采收白花长箕乳熟期青刀豆，红花青刀豆和扁刀豆不可采用。要严格控制原料的新鲜度及适宜的采摘期，这是保证成品风味好、香甜细嫩的关键。豆荚要鲜绿肥嫩，食之无粗纤维感，条形完整圆直，豆粒无明显凸起；无病虫斑疤，无锈头锈斑，无畸形，无机械损伤。

等级规格：①M级：直径 0.81~0.9cm，长度 7~12cm，每 500g 141~180 根；②S级：直径 0.7~0.8cm，长度 7~12cm，每 500g 161~180 根。同一级别长短粗细应较均匀。段条段长 4~5cm。

2. 复分级

原料采收按质量标准掌握得好的，复分级可从略或省去；反之，应加强。同时，须剔除皱皮、枯萎、腐烂、病虫害以及机械损伤等不合格品。

3. 去尖端

用剪刀或其他方法除去豆荚尖端，但不宜过多，以防水分浸入豆荚，致使豆荚内因含水在冻结时涨裂，影响质量。去尖端在原料采收时进行，须防止产生锈头。一旦出现明显锈头，须再次去除。

4. 浸盐水

置于 2% 左右的盐水浸泡 10~15min，以达到驱虫目的。如无虫，可以省去。盐水浓度 2%~3% 为宜，盐水与青刀豆的比例不低于 2∶1，浸泡时可翻动 2~3 次，以捞去浮虫。

5. 漂洗

将盐分和小虫漂洗干净。

6. 热烫

置于沸水中，烫煮 1~2min，烫煮时须不断翻动，使其受热均匀至豆荚变鲜绿色呈花斑状为止。热烫还可除去豆荚中部分可溶性含氮物质，有机酸及含硫物质，避免苦味。

7. 冷却

冷却可分 3 次，逐次进行，使品温迅速降至室温。

8. 沥水

置入特制的不锈钢网状架上自然沥水，以冻结后青刀豆不结块、一震或一拍就散开为原则。

9. 过磅

每袋净重 500g，酌增 2%~3%，即秤重达510~515g。

10. 装袋、封口

将过磅后的青刀豆条形排列整齐后装入已经检验合格的小包装袋。立即封口。封口线与袋边要平行，相距约 1cm，封口良好，不开裂，不皱缩。

11. 冻结

将装袋封口后的青刀豆，整齐地排放于速冻盘内，置于-30℃以下的速冻间速冻6h，使品温达-15℃出库为宜。

12. 成箱

成箱应迅速及时，每箱 500g×20 袋，净重 10kg。袋中豆荚排列整齐，竖立方向装箱。分级装箱，箱上注明其级别，如使用外商提供的塑料袋，须在纸箱商标图案下用红色油墨画上显著的一横。

13. 冷藏

装箱后的成品立即送往冷藏库冷藏待售。库温要求在-18℃以下。注意保持库温的正常和稳定，切勿回冻，以防产品变色、变味及组织损坏。

14. 检验及注意要点

实践表明，冻青刀豆条形完整与否，同一级别长短粗细是否均匀，关系到能否达到真正分级的目的。对这个指标，加工过程中务必严格把关。成品检验时，凡非完整条超过7%或非较均匀条（即串级条）超过8%，作不合格论处。

第三章 豇豆

豇豆又名豆角、带豆。原产亚洲中南部，包括中国、东南亚和印度等地。我国自古就有栽培，以南方各省、市栽培较多。豇豆营养价值高，豇豆的鲜豆荚含有丰富的胡萝卜素，在干物质中蛋白质含量为 2.7% 左右，糖类为 4.2%，此外亦含有少量维生素 B 及维生素 C。豇豆可炒食凉拌或腌泡，老熟豆粒可作粮用，是夏、秋主要蔬菜之一，对蔬菜的周年供应特别是 7—9 月蔬菜淡季供应有重要作用。

一、豇豆的生物学特征

（一）豇豆的形态特征

1. 根

豇豆根系发达，成株主根长达 80~100cm，侧根可达 80cm，主要根群集中于地表 15~18cm 的耕层内。但根部容易木栓化，侧根稀疏，再生能力弱，在育苗移栽时，需注意保护根系。根系上的根瘤稀少，不及其他豆类蔬菜发达。

2. 茎

豇豆的茎有矮生、蔓生和半蔓生 3 种，矮生种茎蔓直立或半开放，花芽顶生，株高 40 ~ 70cm；蔓生种茎的顶端为叶芽，在适宜的条件下主茎不断伸长，可达 3m 以上，侧枝旺盛，并能不断结荚，需设支架栽培；半蔓性种，茎蔓生长中等，一般高 100 ~ 200cm。无论蔓生种或半蔓生种，均为花序侧生，茎蔓呈左旋性。

3. 叶

豇豆发芽时子叶出土，初生真叶两枚，单叶，对生。以后真叶为三出复叶，中间的小叶片较大，卵状菱形，长 5 ~ 15cm，小叶全缘，叶肉较厚，叶面光滑，深绿色，基部有小托叶。叶柄长约 15 ~ 20cm，绿色，近节部分常带紫红色。

4. 花

豇豆的花为总状花序，腋生，花梗长 10 ~ 16cm，每花序有 4 ~ 8 枚花蕾，通常成对互生于花序近顶部。蝶形花，萼浅绿色，花冠白、黄或紫色。龙骨瓣内弯或弓形，非螺旋状。是比较严格的自花授粉作物。凡以主蔓结果的品种，第一花序着生节位，早熟种一般为第三至第五节，晚熟种为第七至第九节；以侧蔓结果的品种，分枝性较强，侧蔓第一节位即可抽生花序。各花序第一对花开放坐荚后，5 ~ 6d 第二对花开放。如水肥充足、条件适宜，可陆续坐果 2 ~ 4 对。

5. 荚

荚果线形，果荚颜色呈深绿、淡绿、紫红或间有花斑彩纹等多种色泽。长荚种果长 30 ~ 90cm，短荚种只有 10 ~ 30cm。每荚含 8 ~ 20 粒种子。种子无胚乳、肾形，紫红、褐、白、黑色或花斑等，千粒重 120 ~ 150g。

(二) 豇豆的生长和发育

豇豆自播种至豆荚采收结束需 90~120d，可分为 4 个时期。

1. 种子发芽期

种子萌发至第一对真叶开展为发芽期。在 20~30℃和湿度适宜的条件下，需时约 7d，14~21℃则需 10~12d。此时如遇连绵阴雨或土壤水分过多，常造成烂种或出苗后发生猝倒病。

2. 幼苗期

第一对真叶展开至 7~8 片复叶为幼苗期。在 20℃以上的条件下生长期 15~20d，在 15℃以下的条件下，生长期则延长。在 2~3 复叶时开始分化花序原基。

3. 抽蔓期

幼苗期后茎节伸长，转入抽蔓期，需 10~15d。此期主蔓迅速伸长，同时在基部节位抽出侧蔓。根系也迅速生长，形成根瘤。生长适温 20~25℃。35℃以上或 15℃以下，雨水多，土壤湿度大，容易引起根腐病或疫病等。

4. 开花结荚期

从现蕾开始至采收结束为开花结荚期，此期长短因品种、栽培季节和栽培条件差别很大，历时 45~75d。开花结荚期间，茎叶继续生长，特别是结荚前期和中期茎叶生长旺盛，现蕾前后茎叶生长过旺会延迟开花结荚，应适当控制茎叶生长。开花结荚适温 20~30℃，以 25℃左右最适。

二、豇豆对外界环境条件的要求

(一) 温度

豇豆是耐热性蔬菜,能耐高温,不耐霜冻。在25~35℃的温度,种子发芽较快,而以在35℃时,发芽率和发芽势最好,在20℃以下温度,发芽缓慢,发芽率降低,在15℃的较低温度时发芽势和发芽率都差。对于豇豆种子播种后的出土成苗则以30~35℃时为快,抽蔓以后在20~25℃的气温生长良好,35℃左右的高温仍能生长结荚,15℃左右生长缓慢,在10℃以下时间较长则生长受到抑制。在接近0℃时,植株冻死。

(二) 光照

豇豆属于短日照作物,但不少品种对日照长生的要求并不严格,不论在日照渐长的初夏或渐短的深秋均能开花结荚,表现为中光性。一般地说矮生种较蔓生种对日照长短的反应稍为严格一些。豇豆喜阳光,在开花结荚期间需要良好日照,如光线不足,会引起落花落荚。

(三) 水分和营养

豇豆根系发达,吸水力强,叶面蒸腾量小,所以比较耐旱。种子发芽期和幼苗期不宜过多水分,以免降低发芽率,或使幼苗徒长,甚至烂根死苗。开花结荚期要求有适当的空气湿度和土壤湿度,土壤水分过多,易引起落花落荚。豇豆结荚时需要大量的营养物质,且其根瘤又不及其他豆科植物发达,因此必须供给一定数量氮肥,但也不能偏施氮肥。增施磷肥,可以促进根瘤菌活动，根瘤较多，豆荚充实，产量增加。

（四）土壤

适宜豇豆生长的土壤范围较广，但以肥沃的壤土或沙质壤土为好，不宜选用黏重和低湿的土壤。对于土壤酸碱度的反应，pH 值以 6.2~7 为宜，即适于中性或微酸性土壤，土壤酸性过强，会抑制根瘤菌的生长，也会影响植株的生长发育。

三、豇豆的类型和品种

（一）豇豆的类型

豇豆有长荚豇豆、普通豇豆、短荚豇豆 3 个类型。其中长荚豇豆即菜用豇豆，它又有蔓生、半蔓生、矮生 3 个类型。蔓生种茎蔓长，花序腋生，叶腋分生侧蔓，需立支架，生长期较长，丰产性及品质均较好。矮生种茎矮小，直立，分权多而成丛生状，不设支架，成熟较早，生长期较短。半蔓生种生长习性似蔓生种，但蔓较短，栽培上以蔓生种为生，它又可分青荚种、白荚种和红荚种。

（二）豇豆的品种

1. 蔓生种

菜用豇豆多属蔓性长豇豆。我国栽培的优良品种有以下几种。

（1）之豇 28-2 浙江省农业科学院园艺研究所以"红嘴燕×杭州青皮"杂交，系统选育而成。早熟、丰产，抗花叶病，适应性强。株高 2.5~3.0m，生长势强，叶形小，适于密植。主蔓第四至第五节始花，第七节以上连续着生花序，结果集中。荚长 65~75cm，淡绿色，肉厚，品质好，种子紫红色。对日照要求不严，春、秋两季均可栽培。

（2）之豇 14　浙江省农业科学院园艺研究所育成。植株蔓生，蔓长 250~300cm，植株生长势中等，分枝性中等，适于密植。嫩荚浅绿色，长 68~70cm，长圆条形，单荚重 23~29g。嫩荚纤维少，肉质嫩，品质佳，采收后期不易出现鼓粒和鼠尾现象。种子长肾形，紫红色。极早熟，每公顷产量 18 000 kg 左右。

（3）之豇特早 30　浙江省农业科学院园艺研究所育成。植株蔓生长势偏弱，叶片一小，分枝少，以主蔓结荚为主。初花节位低，基部 5 节以下的有效果枝数平均达 1.75 个，比之豇 28-2 的 0.84 个增加 108%，春播至始收 50d，比之豇 28-2 提前 2~3d，之豇特早 30 平均产量和早期产量分别为每公顷 18 250 kg 和 7 260 kg，分别比对照之豇 28-2 增加 10.4%和 64.6%。荚色嫩绿，荚长 60cm，条荚匀称，商品性好。种子红色，千粒重 120g 左右，苗期抗病毒病，较抗疫病，但不抗煤霉病和锈病。

（4）之青 3 号　浙江省农业科学院园艺研究所选育。该品种蔓生，无限生长型，分枝较少，叶较大，叶色深绿，花蕾、豆荚均为绿色，荚长 60cm，单荚重 25g 左右，初花节位在第三至第四节，种子肾形，紫红色，千粒重 150g。春季露地栽培播种至始收 25~40d，10~12d 后采收。每公顷产量可达 25 500 多千克。品质优良，炒食较糯。田间病毒病、煤霉病抗性强于之豇28-2。

（5）宁豇 1 号　南京市蔬菜种子站等单位选育。植株蔓性，生长势强，分枝 5 个左右，茎蔓和叶色为绿色，节间距 13.6cm，花苞绿白色，主侧蔓同时结荚，始花节位主蔓第二至第五节，侧蔓第一节，成序性好，在适宜环境下可出现一个叶腋有两个花序和一序多荚现象。最高一序达 6 荚，嫩荚绿白色，长 60cm 左右，种子 17 粒左右，红色。该品种早熟。播种后春季 55~60d 上市，夏秋季 35~45d 上市。春季每公顷产量 30 000 kg 左右。夏季每公顷产量 18 000 kg 左右，秋季每公顷产量达 25 500 kg 左右。该品种不耐热，缺肥易早衰，苗无黄化现象，抗病毒病，不抗锈病和煤霉病。

（6）宁豇 3 号　南京市蔬菜种子站等单位选育。植株蔓性，蔓长可达 3m 以上，始花节位在第二至第三节，单荚长达 70cm，最长的达 115cm，粗 0.8~1.0cm，单荚重一般 30g 左右。嫩荚开花后 11d 即可采收，每花序结荚数 2~3 个，单株结荚数 18.4 个。嫩荚耐老。每公顷产量可达 22 500 kg 左右。耐热、耐旱、耐湿，抗逆性强。适应性广。可用春季早熟栽培、夏秋栽培、延秋栽培及保护地栽培。

（7）扬豇 40　江苏省扬州市蔬菜研究所育成。扬豇 40 生长势强，主蔓长 3.5m 左右，在主蔓的中上部有 1~2 个分枝，主侧蔓均可能结荚，主蔓第七至第八节开花坐果，比之豇 28-2 迟开花 2~3d，平均单株主蔓能挂 20 荚，侧蔓挂 20 荚，平均荚长 60cm，荚色浅绿色，每荚有籽粒 19~21 粒，千粒重为 142g。一般春播出苗至终收期 90d，采荚天数 35d。春播每公顷产量 24 000 kg。夏播产量 18 000 kg 以上。抗锈病和煤霉病的能力较之豇 28-2 强。

（8）鄂豇 1 号　湖北省农业科学院蔬菜研究室育成。植株蔓生，生长势强，蔓长 3~5m，有分枝 2~3 个，叶片较大，深绿色。第一花节位春季 2~4 节，秋季 4~6 节，花冠紫色略带蓝色，多“回头节”，结荚期较长，生育期 100~110d。嫩荚绿白色，成熟荚银白色，荚粗 1~1.2cm，荚长 65~80cm，单荚种子 17~23 粒，种子千粒重 178g。每公顷产量为 31 500 kg 左右。

（9）4-1 豇豆　湖北省黄石市蔬菜科学研究所育成的豇豆新品种。生长势旺，株高 260~320cm，26~30 节，第一花序着生于第三至第五节，分板 2~3 条，茎经带紫红色，花为紫红色，每穗有花 4~6 朵。果荚青绿色，匀称，单株结荚数为 23.9 条，荚长 66.0~71.5cm，每荚有种子 20 粒，单荚重 14.9~16.3g，荚缝、荚尖呈现紫红色，鲜荚肉厚，含纤维量低，耐贮运，不易老化。种子肾形，棕红色，千粒重为 125g。早熟，较抗病毒病、疫病，较耐煤霉病。耐热性较好，光敏性不强，适合春、夏、秋多季栽培，每公顷产量可达 22 500 kg 以上。

（10）春秋红紫皮长豇豆　武汉市蔬菜科学研究所育成。植株蔓长，株高 3m 左右，开展度 45~50cm，长势强，主蔓第六至第七节着生第一花序，花淡蓝紫色，序成性强，每花序结荚 2~3 条。商品荚紫红色，长圆条形，荚长 50~60cm 以上。早、中熟，播后 60d 始收，长势旺，耐热，对花叶病毒抗性强，耐涝，适应性广。豆荚纤维少，质脆，品质优，丰产性好，适宜春、秋两季栽培。单荚含种子 18~21 粒，老熟种子红褐色，有条纹，肾形，千粒重 150g。每公顷产量 22 500~30 000 kg。

（11）湘豇 1 号　长沙市蔬菜研究所育成。植株蔓生，2~4 个分枝，叶深绿色。第一花序节位为第二至第四节，每一花序结荚 2~4 根。主、侧枝都能开花结荚，花淡紫色，豆荚浅绿色，荚长约 57.5cm，横径约 1cm，单荚重约 14g，单荚种子数 19 粒。种子肾形，红褐色，千粒重 150g。早熟，春、夏、秋三季均可栽培。春季栽培，全生育期 95~115d，播种至始收 60~70d。每公顷产量 37 500 kg。田间表现较抗煤霉病和根腐病。

（12）湘豇 4 号　湖南省农业科学院蔬菜研究所选育的中熟偏早豇豆品种。植株生长势强，蔓长 3.8m，主蔓第三至第五节开始结荚，具 1~2 个分枝，豆荚长且较粗，淡绿色。单株成荚数 23~33 条，平均荚长 69cm，单荚重量 28~32g，豆荚均匀，肉质脆嫩，品质佳。田间表现抗性较好。耐热、耐寒、耐旱，较抗豇豆锈病、煤霉病和褐斑病，抗虫性和耐涝性一般。每公顷产量

42 000 多 kg。定植到采收需 60d，可在湖南省各地种植。

（13）长豇 3 号　长沙市蔬菜科学研究所选育。植株蔓生，2~4 个分枝，主蔓长 3.1m，节间长 20.0cm，叶片深绿色，第一花序着生于第二至第四节。花淡紫色，豆荚绿白色，荚长 58cm，单荚重 20g，种子肾形，红褐色，千粒重 125g。迟熟，春季栽培全生育期 100~120d，播种至始收 60~75d。豆荚整齐一致，长度适中，肉质细嫩，商品性好，每公顷产量 42 000 kg，较抗病毒病、抗锈病和煤霉病。

（14）杂交 4 号　江西省新余市蔬菜研究所选育。植株株高 280~320cm，分枝力强，茎绿色，叶色深绿，第五至第六节着生第一花序，每花序有花 4~8 朵，果荚绿白色，荚长 40~50cm，粗 0.9~1.1cm，每对荚果重 35~38g，粗细均匀，表皮光亮，肉质细嫩且带甜味，不易老化。每荚含种子 15~18 粒。种子肾形，酱红色。播种至初收，春季 70d 左右，夏、秋季 45~50d，每公顷产量 30 000~45 000 kg。该品种适应性广，抗逆性强，高抗叶斑病。

（15）穗青 1 号　广州市蔬菜科学研究所育成。植株蔓生，生长势强，主蔓结荚为主，主蔓第八节开始着生花序，花冠紫色。荚长 55~60cm，荚厚 0.8cm，单荚重 18.5g。荚色深绿，有光泽，荚尖端白色，荚肉厚实，纤维少，不易老化，耐贮运，商品率高。种子浅红褐色，千粒重 145g。耐热性较强，较耐霜霉病及枯萎病，适宜夏、秋种植。中熟，播种至初收 50~55d。每公顷产量 13 500~18 000 kg。

（16）白沙 7 号　广东省汕头市白沙蔬菜原种研究所育成。植株蔓生，株高 3.5~4.0m，分枝早而适中，每株 1~2 个，以主蔓结荚为主，一般第三至第四节着生第一花序，以后各节均有花序。成荚率高，每花序结荚 2~4 荚，单株结荚数约 20 荚，单荚含种子 13~19 粒。荚色翠绿，肉厚质脆，味甜，适于炒食或腌渍加工。种子红褐色，千粒重约 150g。该品种早熟、耐寒。抗逆性强，较抗花叶病毒病；适应性广，全国各地均可种植，一般每公顷产量 27 000 kg。

（17）夏宝　深圳市农业科学研究中心育成。株型紧凑，蔓生，叶较细小，叶肉厚，深绿色，蔓长 4.0~4.5m。节间较短，平均节间长 15.7cm。每株分枝 2~3 条，适宜密植，不易徒长。早熟，主蔓第四节着生花序，以后每节着生花序。春播，播种至初收 60~65d，延续采收 20~30d。双荚率高，结荚多、荚长 55~60cm，荚尾饱满匀直，荚肉厚而紧实，不易老化。一般每公顷产量 18 750~22 500 kg，高产可达 30 000 kg。对豇豆枯萎病和锈病有较强的抗性。

（18）红嘴燕　又名一点红，为成都市地方品种。蔓生，分枝力弱，主蔓红荚，节间长 14~20cm，花浅紫色，第一花序生于第五至第七节，每序 2~4 荚，嫩荚浅绿色，先端红色，荚长约 57cm，长圆条形，横截面积近圆形。老熟荚皮白黄色，每荚种子 20 粒左右，种子肾形，黑色。中熟，较抗病和耐热。肉质致密嫩脆，品质好。

（19）成豇 1 号　四川省成都市第一农业科学研究所育成。植株生长势强，蔓长 3.5~4.5m，第一花序着生在第二至第三节，荚长 65~75cm，单荚重 20~30g，嫩荚浅绿色，肉厚、质地细嫩，适宜做泡豇豆，早熟性好，比之豇28-2早熟 3~5d。每公顷产量 30 000 kg。抗病性好，抗逆性强。

（20）成豇 3 号　四川省成都市第一农业科学研究所育成。植株蔓延，生长势强，分枝较弱，适宜密植。蔓长 3~4m，以主蔓结荚为主，第一花序着生在第二节位，每花序成荚 2~3 对，花浅紫色，商品荚浅绿色，荚的尖端呈暗红色。荚长 50~60cm，果肉比之豇28-2厚，单荚重量 25~30g。种皮黑色。商品性好，品质优，果荚肉厚，适宜作泡豇豆，脆嫩，清香。极早熟，一般每公顷产量 23 220 kg，高产的可达 45 000 kg。较抗病毒病、白粉病、锈病和枯萎病。

（21）贵农 79041 贵州农学院园艺系育成。早熟，主蔓结荚为主，侧蔓少。主蔓第三至第五节出现花序，以上着生花序 6~8 个，叶芽 2~4 个；单株结荚 13~17 个，商品荚白绿色，长 54~65cm，单荚重 18~24g，荚肉较厚，纤维少，煮或炒食口感好，种子肾形，褐色，千粒重 144~155g。贵州省海拔 1 600 m以下地区均可种植，但海拔 1 350~1 600 m 的地区须用小拱棚育苗移栽和地膜覆盖栽培。

（22）贵农 79033 贵州农学院园艺系育成。中晚熟，主侧蔓结荚，生长势较强，主蔓第五至第七节出现花序，以上着生花芽 5~7 个，既有花芽又有叶芽或只有叶芽的节位 4~6 个，单株结荚 15~17 个，商品荚绿色，长 70~80cm，横径 0.8~1cm，单荚重 20~25g。荚肉较厚，纤维少，煮或炒食口感好。种子肾形，褐色，千粒重 175~195g。贵州省海拔 1 350 m 以下地区均可种植。

2. 矮生豇豆

（1）美国无架豇豆 美国无架豇豆是豇豆的一个变种，1985 年从美国传入我国。无架豇豆茎短粗，长 20~25cm，节间密，基部着生 3~5 个侧枝，各侧枝长出 3~4 条花梗，梗长 40cm左右，粗壮直立富弹性，抗风力强，不需支撑。梗尖离地面 50~60cm（即整个植株的高度）。花梗顶部的 3~4cm 从下至上陆续着生花蕾。豆荚重 20~30g，荚长 40cm 左右，着粒密，灰白色。无架豇豆从播种至始收需 55d 左右，春播者结荚其余工达 2~3个月，夏、秋种植则结荚期为 1~2 个月。适应性广，抗逆性强，较抗锈病和叶斑病。一般每公顷产鲜荚 27 000 kg 左右。

（2）早矮青 早矮青是吉林省长春市郊区铁北园艺场以美国无架豇豆为材料选育而成。植株浓绿色，生长势强，株高

60cm。主蔓第二至第四节有 1~3 个分枝，第一花序在主蔓第四至第五节，花淡紫色，单株结荚 10~14 条。嫩荚浓绿色，荚长 40~45cm。肉较厚，品质好。老熟荚长 50~58cm，有种子 13~18 粒，种子紫红色，肾形。早熟，从播种至采收 65d，每公顷产量 27 000 kg 左右。抗病毒病，较抗锈病。

四、豇豆的栽培季节与无公害生产技术

（一）豇豆的栽培季节

1. 露地栽培

豇豆生产季节长，如选用适当品种，从春至秋都可播种，但一般以春播夏收为主，也有夏播秋收的。北方寒冷地区则行夏播秋收，华南也可秋播。

（1）春豇豆栽培　它是豇豆的主要栽培季节（可称正季栽培）。华北和长江流域播种早的春季在保护地播种育苗，播种晚的在终霜后直播，夏季陆续收获。华南春、夏播种，供应期半年以上。

（2）秋豇豆栽培　它属破季栽培，可延长供应时间，除大中城市外栽培者较少。华北和长江流域多在夏季 6 月播种，8—9 月收获。

2. 保护地栽培

豇豆保护地栽培，主要为春早熟栽培（春提早栽培）。利用地膜覆盖，即可早播、早收。近年，江淮地区利用各种保护设施都有明显效果，播种、收获比当地露地种植提前 20~40d。保护地栽培，一般利用大棚，在 2 月播种，3 月定植，4 月中下旬可开始收获。如利用温室或小拱棚，播种期即相应提早或推后。

（二）春露地豇豆无公害生产技术要点

1. 整地，施基肥

豇豆不宜连作，最好选择三年不种豆类作物的田块种植，豇豆地应产行早耕深翻，做到精细整地，以提高土壤保水保肥能力，改良土壤肥力。豇豆的根瘤菌不很发达，加这植株生长初期根瘤菌固氮能力较弱，为了促进前期生长发育，应施用充足的有机肥料作基肥，增施磷肥对豇豆有明显的增产效果。每公顷基肥用量：有机肥料75 000 kg以上，过磷酸钙375～450kg，草木灰750～1 125kg或硫酸钾150～300kg，深耕前施入迟效性肥料。栽植前整地筑高厢，厢宽连沟1.3m，沟深25～30cm。

2. 培育壮苗

春豇豆特别是早春豇豆直播后，气温低，发芽慢，遇低温阴雨，种子容易发霉烂种，成苗差。故以育苗为宜，育苗还可以提早和延长采收时期。早春豇豆可采用冷床或营养盘育苗。四川在"春分"前后1周播种育苗，采用冷床育苗移栽（如早熟栽培可采用温床育苗，大苗移栽）。种子精选后，播于苗盘上，育苗盘内装园土、锯木屑与棉籽壳等疏松物，每3粒种子播一起，距离3～4cm，播种前浇透水，播后盖一层土，将育苗排成一排，用竹片拱小棚，上盖塑料薄膜，出土以后至移植前，膜内温度保持20℃左右，最低不低于5℃，经常保持湿润，避免过湿徒长。平时需要通风，也要注意定时换气，这样，幼苗生长整齐健壮，移植后生长旺盛。

3. 定植

苗床育苗一般于第一复叶开展前定植，定植应选择晴天时进行，一般育苗的挖穴栽植，要尽量多带泥土。容器育苗的开穴或开沟栽植，深度以钵（块）不高出地面为宜，摆好苗坨后浇水，待水渗下后覆土平穴。注意不要碎坨散土。

4. 田间管理

（1）追肥　豇豆在开花结荚之前，对肥水要求不高，如肥水过多，蔓叶生长旺盛，开花结荚节位升高，花序数目减少，侧芽萌发，形成中、下部空蔓。因此前期宜控制肥水抑制生长，当植株开花结荚以后，就要增加肥水，促进生长，多开花，多结荚。豆荚盛收开始，需要更多肥水时，如脱肥脱水，就会落花落荚。因此要连续追肥，促进翻花，延长采收，提高产量。追肥用量每公顷约为优质人粪尿 15 000 kg、尿素 45kg、过磷酸钙 225kg、氯化钾 105kg，在 7 月上旬时施入，至收获结束。

（2）搭架整枝　植株开始牵蔓时立支架，将蔓牵至人字架上，茎蔓上架后捆绑 1~2 次，当植株基部侧芽长至 10cm 左右时，全部摘除，植株中部侧枝长至 3~4 节时，留 2 节摘心；植株长至支架顶端时摘掉，上部侧枝长出也留 2 节摘心。

5. 采收留种

在嫩豆荚已发育饱满，种子刚刚显露时采收。豇豆每花序有花芽 2 个以上，超初开花 2 朵、结 2 荚果，以后的花芽还可以开花结荚，故采收时不宜伤剩下的花芽，以利结荚，可留 1cm 左右的果荚采收，勿伤其基部的花芽，在采收后期再追一次肥，可使这些花芽开花结荚，可多采收 4~5 次。

豇豆留种应选无病的植株基部和中部的豆荚，花序成对结荚整齐，豆荚具本品种性状的留种，种株要及时摘心，待种荚转黄、松软时采收。

（三）秋露地豇豆无公害生产技术要点

（1）秋豇豆应选抗热性较强的早、中熟品种，如红嘴燕和白露豇。

（2）秋豇豆栽培应选凉爽之地，做成深沟高厢，以利排水。

（3）选择适宜的播种期。夏播的红嘴燕，50~60d 可开始采收。在重庆地区，播种期可从5月中下旬至6月底排开播种，在此范围内，早播的产量高。成都地区秋豇豆适宜的播种期为"夏至"前后，在"秋分"前后收获。

（4）秋豇豆可以不必育苗，采用直播。株行距可较春播者密，如果土壤干燥，应先浇水后播种，以利发芽。播种后要用谷壳、稻草等覆盖，避免暴雨打板土壤，保持土壤湿润，出苗后立即去掉稻草等覆盖物，以免植株徒长，若缺苗应立即补苗。

（5）秋豇豆生长前期正遇高温，土壤较干旱，应注意灌溉，保持土壤湿润。若雨水过多，则应注意排除土壤积水，秋豇豆常发生锈病应注意防治。

（四）春季地膜覆盖豇豆无公害生产技术要点

豇豆对光照和温度的要求较菜豆高，故进行地膜覆盖栽培的效果比菜豆好，在北方豇豆地膜覆盖可比露地栽培提早采收10d，前期产量增加50%以上，总产提高20%以上，值得大力推广。其主要栽培技术如下。

1. 整地及盖膜

地膜覆盖一般是全生育期覆盖，不进行中耕，故必须精细整地。前作收后及时耕翻、耙地，耕层深度为15~20cm，土壤做到细碎、疏松，无残茬和大土块。结合耕翻整地，每公顷施入腐熟农家肥 22 500~30 000 kg，草木灰 750~1 500 kg。整平耙细，然后做小高畦。畦南北向延长，畦高 10~15cm，宽75cm，畦沟宽40cm。做畦后立即在畦上覆盖地膜，以免水分损耗，薄膜要紧贴土面，拉紧、铺平、盖严。薄膜四周都要压土。地膜宜在定植前15d 左右铺好，以利增温保墒。

2. 育苗和定植

利用日光温室或大棚多层覆盖提前培育壮苗，是实现豇豆早熟高产的重要措施。由于豇豆根系再生能力弱，故宜用营养土块、营养钵育苗。适宜的苗龄为 20~25d，以第一复叶初现时定植为好。一般在晚霜过后选晴天在畦上按 60cm×15cm 或 60cm×20cm 挖穴，将苗子放入穴内，浇底水后载苗，用土封严，压住地膜，并使其略高于地面。

3. 田间管理

春季豇豆的地膜覆盖栽培与菜豆的地膜覆盖栽培大体相同。在合理施肥灌水的基础上，做好植株调整是丰产的关键。豇豆抽生茎蔓很快，当植株具有 5~6 片叶时，就要及时搭架、引蔓，并进行整枝，以促进早熟、早收。调节营养生长和垂死生长平衡发展，对第一花序以下的侧蔓尽早除去。由于盖膜后植株生长较旺，上部侧蔓摘心不要过重，以便增加坐荚数量。主蔓伸长达架顶时摘心，促进侧蔓生长。

豇豆的地膜覆盖栽培在开花结荚前适当控水，也不追肥，轻度蹲苗。坐荚后才适当灌水，保持土壤湿润。采收中后期根据植株生长情况进行追肥灌水。

（五）胶东地区日光温室豇豆早春茬栽培技术

豇豆在胶东地区进行春露地或地膜覆盖栽培，一般在 4 月下旬至 5 月上旬播种或大田定植，最早 6 月底或 7 月初采收，上市期晚，采收期不长，经济效益一般较低。利用日光温室进行早春茬栽培，可将播种期提前到 2 月中下旬，在温室内度过生长前期的低温，使豇豆生长发育提前，5 月初开始采收，提前 50d 左右上市，前期产量较露地或地膜覆盖栽培高 2~3 倍，经济效益十分可观。

1. 育苗

豇豆一般采用直播，但在温室内进行早春栽培，为了提高温室的利用率，延长上茬蔬菜作物生长期，并且提早上市，宜采用集中育苗。

（1）育苗床土的配制　选择连续多年未种过豆类作物的肥沃园土和充分腐熟的优质厩肥作为床土原料，按土肥比2∶1的比例配制。每立方米床土外加90%敌百虫晶体60g，75%福美双可湿性粉剂80g，土、肥、药充分混匀后过筛备用。

（2）苗床准备　将配制好的床土装入10cm×10cm的营养钵内，苗床造成小高畦，畦长10～15m，宽1.2m，高10cm。将畦搂平踏实，上面排放装好营养土的营养钵，钵间空隙用土塞满，苗床边缘的营养钵周围用土覆盖，以利于保持湿度。钵内浇透水以备播种。

（3）品种选择　日光温室进行豇豆早春茬栽培，应选择适宜当地消费习惯的早熟品种，栽培较普遍的品种有之豇28-2、洛豇99、成豇一号、成豇三号、I2820等。这些品种优质，抗逆性较强，前期产量高，熟性早，特别适合作早熟栽培。

（4）种子处理　晒种：晒种一般在温室内进行，于播种前选择晴天晒种2～3d，温度不宜过高，应掌握在25～35℃，注意摊晒均匀。浸种：用农用链霉素500倍液浸种4～6h，防治细菌性疫病，然后用冷水浸4～6h，稍晾后即可播种。枯萎病和炭疽病发生较重的地块可用种子质量0.5%的50%多菌灵可湿性粉剂拌种防治。

（5）播种　将浸泡后的种子点播于营养钵中，每钵3～4粒。播后覆盖2～3cm干细土，土上覆盖地膜，增温保湿。苗床上架竹拱，拱上加薄膜。当有30%种子出土后，及时揭去地膜。苗期温度管理：播种至出土白天25～30℃，夜间14～16℃，最低夜温10℃；出土后白天20～25℃，夜间12～14℃，最低夜温8℃；

定植前 4~5d 白天 20~23℃，夜间 10~12℃，最低夜温 8℃。注意保持土壤湿润，经常通风换气，保证幼苗生长健壮。壮苗的标准：子叶完好，第一片复叶显露，无病虫害。

2. 定植前的准备

每亩施优质腐熟鸡粪 3~5m³，过磷酸钙 50~100kg，磷酸二铵 20~30kg，硫酸钾 20~30kg。新建日光温室可选择最大用量，三年以上日光温室可选择最小用量。以上肥料 2/3 铺施，1/3 开沟时沟施。铺施肥料后，深翻土壤 30cm，然后耙细、整平。前茬作物为豆类蔬菜的旧温室，每亩可加施 70%甲基托布津可湿性粉剂或 64%杀毒矾可湿性粉剂 1kg，加细土撒匀或加水喷洒地面，然后深翻、耙细、整平。按大行距 80cm，小行距 50cm，开 15cm 深的沟并施肥，沟上起垄，垄高 15~20cm，准备定植。

3. 定植

垄上按 30~35cm 开穴，在定植穴中点施磷酸二氢钾，每穴 5g，幼苗去掉营养钵，带坨放入穴中，然后浇水，水渗下后 2~3h 封垄。封垄后小沟内浇水，以利于缓苗。一般每亩可定植 3 000~3 700 穴。

4. 定植后的管理

（1）温度管理　定植后缓苗阶段要注意保温少通风，以提高温室内的温度，有利于缓苗，要求白天最高温度控制在 28~30℃，晚上温度不低于 18℃；待蔓叶开始正常生长后，晴天中午要揭膜放顶风；进入开花初期，随着外界气温的升高，应逐渐加大通风量，以免因温度过高引起徒长和落花。

（2）肥水管理　前期除定植后浇一次缓苗水外，要尽量控制肥水，尤其是氮肥的使用，防止植株只长蔓叶，不形成花序。植株基部出现花序开始追肥，当植株大部分出现花序时要施重肥，防止叶片发黄，引起落花、落荚，每亩追施氮、磷、钾三元复合肥 20~30kg。以后每采收 2~3 次，需追肥一次。第一花穗开花坐荚时浇第一水，此后仍要控制浇水，防止徒长，促进花穗形成。当主蔓上约 2/3 花穗开花，再浇第二水，以后地面稍干即浇水，保持土壤湿润。

（3）植株调整

①吊蔓。当茎蔓抽出后开始吊蔓，每穴植株用一根尼龙绳，上端固定在温室的骨架或铁丝上，下端轻轻绑在植株茎基部，将茎蔓缠绕在绳上，并捆绑 3~4 道。也可插架引蔓，在两小行上扎"人"字架，将茎蔓牵至架上，茎蔓上架后捆绑 1~2 道。

②打杈。豇豆每个叶腋处都有侧芽，每个侧芽都会长出一条侧蔓，不及时摘除会消耗养分，同时侧蔓过多，株间郁蔽，通风透光不好，必须进行打杈。打杈时将第一花序以下各节的侧芽全部打掉，但不宜过早，应在 6~9cm 时打掉。但第一花序以上各节的侧芽应及时摘除，以促进花芽生长。

③摘心。主蔓长到架顶时，应及时摘除顶芽，促使中上部的侧芽迅速生长，若肥水充足，植株生长旺盛时，可任其生长，让中上部子蔓横生，各子蔓每个节位都会着生花序而结荚，可进一步延长采收盛期。若植株生长较弱，子蔓长到 3~5 节后可摘心处理。

④采收。在种子未明显膨大时采收，注意不要损伤花芽花序。

（六）大棚秋延后豇豆无公害生产技术要点

豇豆大棚秋延后栽培较黄瓜、番茄栽培容易，同时大棚豇豆对解决秋淡季调剂市场蔬菜花色品种有一定的作用，因而近年来发展较快。豇豆大棚秋延后栽培一般在 7 月上旬至 8 月上旬播种，8 月中下旬开始收获。秋茬豇豆在生长期短，植株矮小，光照充足，应适当缩小株距，以增加株数。在豇豆开花结荚期气温开始下降，注意保温防寒，延长生长期。其主要栽培措施如下：

（1）生长上宜选用耐高温、抗病、丰产、耐贮运、适应性广的品种，如扬豇40、高产4号、杂交4号、之豇28-2、成豇1号、秋豇512等。

（2）华北地区多于7月下旬至8月上旬播种，做畦方式及其播种密度同露地夏秋豇豆栽培。过早播种，不仅达不到秋延后栽培的目的，且开花期温度高或雨季湿度大，易招致落花落荚或使植株早衰；播种过晚，生长后期温度低，也易招致落花落荚和冻害，使产量下降。大棚秋豇豆也可采用育苗移栽，先于7月中下旬在温室、塑料棚内或露地搭遮阴播种育苗，苗龄15~20d，8月上中旬定植。

（3）大棚秋豇豆出苗后或定植缓苗后气温低较高，蒸发量大，消耗水分多，要适当浇水降温保湿，同时双要防止高温多湿导致幼苗徒长，并且注意中耕松土保墒，蹲苗促根。如果气温超过35℃，则在中午进行遮阴或向棚膜喷水降温。

第一片真叶展开后，适当浇水追肥；促进植株生长发育，使其提早开花结荚。开花初期，要适当控制水分，雨后及时排水，以防引起落花。进入结荚期，应多施肥浇水，保持土壤见干见湿，以满足植株开花结荚需要。

在豇豆开花结荚期，气温开始下降，要注意保温防寒。初期，棚的下部的底脚围裙不要扣严，以利于通风换气，随着气温的下降，通风量逐渐缩小，底脚围裙白天揭开，夜间盖严。当外界气温降到15℃时，密闭棚室，只有白天的中午气温较高时，进行短时间的通风，降到15℃以下时，基本上不通风，要加强保温，尽量提高温度，促进嫩荚生长，延长豇豆的生育期。

五、豇豆主要病虫害无公害防治技术

（一）病害防治

1. 豇豆根腐病

豇豆根腐病在各地菜区普遍发生，尤以连作地和低洼地为最重，感病植株可成片死亡，造成很大损失。

发病规律：根腐病一般在豇豆生长 5～6 周后发生。病株下部叶子发黄，从叶片边缘开始枯萎，但不脱落，拔出病株，可见主根上部与茎的地下部分变黑褐色，病部稍下陷，剖视茎部，可发现维管束变褐，病株侧根很少，或腐烂，潮湿时常在病株茎基部上产生粉红色霉状物。本病由菜豆腐皮镰孢菌侵染所致，病原菌可在病残体、厩肥及土壤中存活多年甚至腐生 10 年以上，故连作地发病重。

防治方法：①实行轮作，避免连作，与白菜、葱蒜类行二年以上轮作。②发现病株应即拔除，并在其病穴及四周撒消石灰，采用深沟高厢栽培，防止植株根系浸泡在水中。③药剂防治。发病初期可用 70%甲基托布津粉剂 800～1 000 倍液喷射植株茎基部，也可使用 75%百菌清 600 倍液或 70%敌克松 1 500 倍液，连喷 2～3 次，有一定防治效果。此外，定植后可用 70%甲基托布津或 50%多菌灵可湿性粉剂药土，撒在穴中，配合比例为一份药粉与 50 份干细土拌匀使用，每公顷用量 15～22.2kg。

2. 豇豆煤霉病

豇豆煤霉病又称豇豆叶霉病，是豇豆、菜豆上比较重要的病害。主要为害叶片，茎蔓、荚也可受害。开始在叶的正面或背面生细小紫褐色斑点，逐渐扩大成圆形成近圆形红褐色或褐色病斑，边缘不明显，病斑有时受叶脉限制，成多角形，病斑的背面密生煤烟状的霉层，病斑一般无轮纹，也不穿孔。病斑多，相互连片时，引起早期落叶，仅留顶部嫩叶，病叶小结荚少。

豇豆煤霉病病菌为半知菌亚门真菌的豇豆尾孢菌。病斑上的霉层即是病菌的分生孢子梗和分生孢子。

发病规律：病菌以菌丝块随病残体在田间越冬，第二年产生大量分生孢子为初次侵染来源。侵源植株后，又在病斑上不断产生分生孢子在田间重复侵染。当温度25~30℃豇豆煤霉病，相对湿度85%以上，或遇高湿多雨，或保护地温高温高湿，通气不良，是发病的重要条件。

防治方法：①收获后及时清除田间的病株残体，集中烧毁。②合理密植，保持田间通风透光，多雨季节，加强田间排水工作，降低湿度。保护地要通风透气，排湿降温。③药剂防治。发病初期喷洒50%速克灵可湿性粉剂800倍液，或50%混杀硫悬浮剂500倍液，或77%可杀得可湿性粉剂500倍液，或14%络氨铜水剂300倍液喷雾，隔6~8d喷一次，连喷2~3次。

3. 豇豆枯萎病

豇豆枯萎病是近年来我国南方地区普遍发生的一种新的病害，广东、广西、湖南、湖北、台湾等省（自治区）发生均很严重，有逐年加重的趋势。豇豆枯萎病春、秋两季均可发病。春豇豆苗期可以感染，但此时温度低，一般不表现症状。在开花结荚时，由于这时温度高、雨水多，发病率高。秋豇豆枯萎病多发生在苗期。植株发病时，首先从下部叶片开始，叶片边缘，尤其是叶片尖端出现不规则水渍出现不规则水渍状病斑，继而叶片变黄枯死，并逐渐向上部叶片发展，最后整株萎蔫死亡。剖视病株茎基和根部，内部维管束组织变褐，严重的外部变黑褐色、根部腐烂。湿度大时病部表现现粉红色霉层，即病菌分生孢子座。病原菌称尖镰喑管专化型，属半知菌亚门真菌，该病菌只为害豇豆。

发病规律：本病菌主要以菌丝、厚垣孢子和菌核在土壤和病残体中越冬。通过伤口侵入，主要为害维管束组织，阻塞导管，影响水分运输，同时还分泌毒素，毒死导管细胞，引起萎蔫死亡。豇豆枯萎病属于土传病害，可在土壤中存活多年，连作地发病早，病情重；轮作地发病迟，病情轻。一般土壤黏重、偏酸性、地势低洼积水的发病重；地势高、土壤疏松、偏碱性的发病轻。

防治方法：①轮作。发病地应进行三年以上的轮作，最好与禾本科作物轮作。②选择高燥的地块，采用深沟高厢栽培；酸性黏壤土中增施石灰。③种植抗病品种。如猪肠豆、珠燕、西圆等较抗病品种；成都五叶子、上海红豇、之豇28、红嘴燕等易感病。④药剂防治。田间初次出现病株时，用50%甲基硫菌灵可湿性粉剂500倍液、或47%加瑞农可湿性粉剂500倍液防治。

4. 豇豆疫病

豇病疫病是近年来发现的一种新病害，本病只能为害豇豆属各个品种。豇豆受害部位主要是茎、叶及荚果，以茎节部发病最为常见，苗期也能感病。病部初时水渍状。继而环绕茎部湿腐缢缩，病部变褐，其上叶蔓萎蔫，最后株枯死。被害叶片初呈暗绿色水渍状病斑，后扩大为圆形，淡褐色。荚果染病多腐烂。本病由豇豆疫霉侵染所致。

发病规律：病菌以卵孢子在病残体上越冬。条件适宜，卵孢子萌发，产出芽管，芽管顶端膨大形成孢子囊。孢子囊萌发产出游动孢子，又借风、雨传播，进行重要侵染。在适宜发病的25~28℃温度下，若湿度高发病就重。另外排水不良、通风不好、施用不腐熟基肥或连作地，发病也较重。

防治方法：①选种抗病品种。目前缺少抗病品种，但抗病

2号、芦113较抗病，而猪肠豆、成都五叶子、红嘴燕易感病。②加强栽培管理。选择排水良好的沙壤土种植，实行轮作，施用腐熟的基肥，以减轻病害的发生。③药剂防治。发病初期可喷洒64%杀毒矾可湿性粉剂500倍液、50%甲霜铜可湿性粉剂800倍液、69%安克锰锌可湿性粉1 000倍液，隔10d左右喷一次。

5. 豇豆轮纹病

叶面初生深紫色小斑点，后变为圆形、赤褐色的鲜明轮纹。茎部产生深褐色不正形的条斑，延及茎四周后引起上端枯死。荚上生赤紫色斑点，扩大后呈褐色轮纹斑。

发病规律：病原称豇豆尾孢菌，属半知菌亚门真力。病菌以菌丝体和分生孢子梗阻在病部或随病株残体遗落土中越冬或越夏，也可以菌丝体在种子内或以分生孢子黏附在种子表面越冬或越夏。分生孢子由风、雨传播，进行初侵染和再侵梁，病害不断蔓延扩展。高温多湿的天气及栽植过密、通风差及连作低洼地发病重。

防治方法：①收获后及时清除病残体，集中烧毁或深埋，并实行轮作。施用日本酵素菌沤制的堆肥或充分腐熟的有机肥，能改良土壤，增强活性，提高抗病力。②药剂防治。发病初期及早喷洒1∶1∶200波尔多液，或77%可杀得可湿性微粒粉剂500倍液、40%多·硫悬浮剂500倍液，隔7~10d一次，共防2~3次。

（二）虫害防治

1. 小地老虎

又称土蚕、地蚕。幼虫食性杂，为害多种蔬菜的幼苗。3龄前幼虫仅取食叶片，形成半透明的白斑或小孔，3龄后则咬断嫩茎，常造成严重的缺苗断垄，甚至毁种。

成虫体长 16~23mm，翅展 42~54mm，深褐色。卵长 0.5mm，半球形，表面具纵横隆纹。幼虫体长 37~47mm，灰黑色。蛹长 18~23mm，赤褐色，有光泽。

小地老虎在全国各地每年可发生 2~7 代不等。在长江两岸区域每年发生 4~5 代，长江以南每年可发生 6~7 代。在长江流域能在老熟幼虫、蛹及成虫越冬；在广东、广西、云南则全年繁殖为害，无越冬现象。每年主要以第一代幼虫为害植株。成虫夜间交配产卵，卵产于杂草或贴近地面的叶背及嫩茎上，每头雌蛾平均产卵 800~1 000 粒。成虫对黑光灯及糖醋酒有较强趋性。幼虫共 6 龄，3 龄前在地面、杂草或豆株上取食，为害性较小，3 龄后白天躲在土中，晚上出来为害。小地老虎喜温暖潮湿环境，最适发育温度为 13~25℃，在雨量充足或水源条件好的地区较易发生。

防治方法：①除草灭卵。铲除田埂、路边和春收作物田附近的杂草，以破坏其产卵场所，消灭虫卵及幼虫。②诱杀防治。一是黑光灯诱杀成虫；二是糖醋酒液诱杀成虫：糖 6 份，醋 3 份，白酒 1 份，水 10 份，90%敌百虫 1 份调匀，在成虫发生期设置，有诱杀效果。③药剂防治。小地老虎 1~3 龄幼虫期抗药性差，且暴露在植株或地面上，是药剂防治的适期。可采用灭杀毙（21%增效氰·马乳油）8 000 倍液，2.5%溴氰菊酯 3 000 倍液，90%敌百虫 800 倍液喷雾。

2. 美洲斑潜蝇

美洲斑潜蝇双翅目，潜蝇科。美洲斑潜蝇原分布在巴西、加拿大、美国等 30 多个国家和地区，现已传播到我国，寄主广泛，豆科中为害菜豆、豇豆、蚕豆、豌豆等。严重的受害株率 100%，叶片受害率 70%。成、幼虫均可为害，雌成虫飞翔把植物叶片刺伤，进行取食和产卵，幼虫潜入叶片和叶柄为害，产生不规则的蛇形白色虫道，叶绿素被破坏，影响光合作用，受害重的叶片脱落，造成花芽，果实被灼伤，严重的造成毁苗。

形态特征与生活习性：斑潜蝇成虫体长 1.3~2.3mm，浅灰黑色，胸背板亮黑色，体腹面黄色，雌虫体比雄虫大。卵米色，半透明，幼虫蛆状，初无色，后变为浅橙色至橙黄色，长 3mm；蛹椭圆形，橙黄色，腹面稍扁平。

成虫以产卵器刺伤叶片，吸食汁液，雌虫把卵产在部分伤口表皮下，卵经 2~5d 孵化，幼虫期 4~7d，末龄幼虫咬破叶表皮在叶外或土表下化蛹，蛹经 7~15d 羽化为成虫，每世代夏季 2~4 周，冬季 6~8 周，世代短，繁殖能力强。

防治方法：美洲斑潜蝇抗药性发展迅速，具有抗性水平高的特点，防治较困难，应采用综合防治措施。①严格检疫，防止该虫扩大蔓延，严禁从疫区引进蔬菜和花卉，以防传入。②农业防治。在斑潜蝇为害重的地区，要考虑蔬菜布局，把斑潜蝇嗜好的豆类与其不为害的作物进行套种和轮作；适当稀植，增加田间通透性；及时清洁田间，把被斑潜蝇为害植株的残体集中深埋、沤肥或烧毁。③采用灭蝇纸诱杀成虫，在成虫盛期至盛末期，每公顷设置 225 个诱杀点，每个点放置一张诱蝇纸诱杀成虫，3~4d 更换一次。④药剂防治。在受害作物某叶片有幼虫 5 头时，掌握在幼虫 2 龄前（虫道很小时），喷洒 50%灭蝇胺可湿性粉剂 1 500~2 000 倍或 1.8%爱福丁乳油 3 000~4 000 倍液。防治时间掌握在成虫羽化高峰的 8~12 时效果好。⑤生物防治。释放姬小蜂、反鄂茧蜂、潜蝇茧蜂等，这三种寄生蜂对斑潜蝇寄生率较高。

六、豇豆疫病与细菌性疫病的区分与防治

（一）症状区分

1. 豇豆疫病症状

主要为害茎蔓、叶和豆荚。茎蔓发病，多发生在节部，初呈水渍状，无明显边缘，病斑扩展绕茎一周后，病部缢缩，表皮变褐色，病茎以上叶片迅速萎蔫死亡。叶片发病，初生暗绿色水渍状圆形病斑，边缘不明显，天气潮湿时，病斑迅速扩大，可蔓延至整个叶片，表面着生稀疏的白色霉状物，引起腐烂。天气干燥时，病斑变淡褐色，叶片干枯。豆荚发病，在豆荚上产生暗绿色水渍状病斑，边缘不明显，后期病部软化，表面产生白霉。

2. 豇豆细菌性疫病症状

主要为害叶片，也为害茎和荚。叶片受害，从叶尖和边缘开始，初为暗绿色水渍状小斑，随病情发展病斑扩大成不规则形的褐色坏死斑，病斑周围有黄色晕圈，病部变硬，薄而透明，易脆裂。叶片干枯如火烧状，故又称叶烧病。嫩叶受害，皱缩、变形，易脱落。茎蔓发病，初为水渍状，发展成褐色凹陷条斑，环绕茎一周后，致病部以上枯死。豆荚发病，初为褐红色、稍凹陷的近圆形斑，严重时豆荚内种子亦出现黄褐色凹陷病斑。在潮湿条件下，叶、茎、果病部及种子脐部，常有黄色菌脓溢出。

（二）发病原因

1. 豇豆疫病发病原因

豇豆疫病属真菌性病害。由豇豆疫霉菌侵染所致。病菌以卵

孢子、厚垣孢子随病残体在土中或种子上越冬，借风雨、流水等传播。温度在 25~28 ℃，若天气多雨或田间湿度大时，会导致病害的严重发生。此外，地势低洼，土壤潮湿，种植过密，植株间通风透光不良等也会导致病害严重发生。

2. 豇豆细菌性疫病发病原因

豇豆细菌性疫病属细菌性病害。由豇豆细菌疫病黄单胞菌侵染所致。病菌在种子内和随病残体留在地上越冬。带菌种子萌芽后，先从其子叶发病，并在子叶产生病原细菌，通过风雨、昆虫、人畜等传播到植株上，从气孔侵入。高温、高湿、大雾、结露有利发病。夏秋天气闷热、连续阴雨、雨后骤晴等病情发展迅速。管理粗放、偏施氮肥、大水漫灌、杂草丛生、虫害严重、植株长势差等，均有利于病害的发生。

（三）防治方法

1. 豇豆疫病防治方法

（1）与非豆科作物实行 3 年以上轮作。

（2）选用抗病品种，种子消毒处理。可用 25%甲霜灵可湿性粉剂 800 倍液，浸种 30min 后催芽。

（3）采用深沟高畦、地膜覆盖种植。

（4）避免种植过密，保证株间通风透光良好，降低地面湿度。

（5）雨前停止浇水，雨后及时排除积水。

（6）药剂防治。防治疫病关键技术是在雨季到来之前的 5~7d 施药，连续防治 3 次，每 7d 防治一次；施药方法采用灌根与喷雾相结合，同时进行；一般每穴灌药液 200~300g。可选用药剂有：72.2%普力克水剂 1 000 倍液灌根，800 倍液喷雾；64%杀毒矾可湿性粉剂 800 倍液灌根，500 倍液喷雾；58%甲霜灵锰锌（雷多米尔锰锌）可湿性粉剂 800 倍液灌根，500 倍液喷雾；80%大生可湿性粉剂 600 倍液灌根，400 倍液喷雾等。

（7）清洁田园 收获后将病株残体集中深埋或烧毁。

2. 豇豆细菌性疫病防治方法

（1）选择排灌条件较好的地块 与非豆科作物实行 3 年以上轮作，最好与白菜、菠菜、葱蒜类作物轮作。

（2）选用抗病品种 种子播前用福尔马林 200 倍液浸泡 30min，或用农用硫酸链霉素 4 000 倍液浸泡 2~4h，再用清水洗净，或用 55℃温水浸种 10min，防治细菌性疫病。

（3）适时播种，合理密植

（4）科学肥水管理 及时防治病、虫、草害，增加植株抗性。

（5）药剂防治 可用 72%农用硫酸链霉素可溶性粉剂 3 000~4 000 倍液，或 77%可杀得可湿性微粒粉剂 500 倍液，或 14%络氨铜水剂 300 倍液，或 65%代森锌可湿性粉剂 500 倍液，或 47%加瑞农可湿性粉剂 800 倍液喷雾防治。隔 7~10d 1 次，连续 2~3 次。注意以上农药的安全间隔期。

（6）清洁田园 收获后将病株残体集中深埋或烧毁。

第四章 毛 豆

毛豆是豆科大豆属的栽培种，一年生草本植物，别名枝豆。原产我国，鲜、干豆粒均可做菜用。每100g嫩豆粒含水分57~69.8g，蛋白质13.6~17.6g，脂肪5.7~7.1g，胡萝卜素23.28mg，并含维生素和氨基酸等，在夏、秋间蔬菜淡季，菜用大豆供应市场，极受欢迎。菜用大豆不仅品质好，而且供应期长，栽培费工少，产量稳定，是一种良好的蔬菜。菜用大豆制成罐头和速冻品，可出口外销。

一、毛豆的生物学特性

(一) 毛豆的形态特征

1. 根

毛豆的根系发达，直播的主根可深达1m以上，侧根开展度可达40~60cm。育苗移栽的植株根系受抑制，分布较浅。毛豆根的再生力弱，移苗应在苗小时进行。毛豆根部有要瘤菜共生，形成根瘤。根系和根瘤主要分布在2~20cm耕层中。

2. 茎

毛豆的茎直立或半直立，强韧，圆形而有不规则棱角，被灰白色至黄褐色茸毛，嫩茎绿或紫色，绿茎开白花，紫茎开紫花，老茎灰黄或棕色。叶腋抽出分枝，或不分枝。

3. 叶

子叶出生，第一对真叶是单叶，以后是三出复叶，小叶卵圆形，叶柄基部有三角形托叶 1 对，叶面被茸毛或无。

4. 花

毛豆的花小，白色或紫色，着生在总状花序上。一般每一花序有 8~10 朵花，自花授粉，天然杂交率不超过 1%。

5. 荚和种子

一般第一花序结 3~5 个荚，荚果矩形扁平，密布茸毛，黄绿色，含种子 1~4 粒。种子椭圆或圆形，无胚乳，千粒重 100~500g，贮藏寿命 4~5 年。

（二）毛豆的生长和发育

毛豆的生育过程经历发芽期、幼芽期、开花结荚期和鼓粒成熟期四个阶段。

1. 发芽期

从种子萌发到子叶展开为发芽期。毛豆种子发芽的适宜温度是 15~25℃，30℃以上发芽快，但幼苗细弱。发芽的低温界限为 6~7℃。发芽前种子要吸收本身重量 1~1.5 倍的水分。播种后若土温低，土中含水量过多，氧气少，容易引起烂种。播种后展开，见光变成绿色后，即能进行光合作用，制造有机物质供胚芽和幼根生长所需。

2. 幼苗期

从子叶展开到植株开始分枝（或第二个复叶初展开）。属无限生长型的植株，在第二复叶展平时开始花芽分化，并在主茎基部分化枝芽。属有限生长型的植株花芽分化较迟。抽生分枝后，主茎生长和叶面积扩大速度愈来愈快。

幼苗根系的生长速度比地上部快，为了促进根群向土壤深层发展，应控制土壤水分在相对湿度为 60%~65%。这时根要吸收一定量的磷素，供苗株生长和根瘤繁殖发展。苗期适温为 20~25℃。真叶出现前的幼苗能耐 -3~-2℃ 的低温。真叶展开后耐寒力减退。

3. 开花结荚期

从花芽分化到开花需 25~30d。有限生长的植株主茎长到成株高度的 1/2 以上时，上部开始开花。无限生长的植株从主茎基部第二或第三节起首先开花，以后逐节向上开花。有限生长品种单株花期 20d，无限生长品种 30~40d 或更长。毛豆花芽分化的适温为 20℃ 左右，开花适温为 25~28℃，开花结荚盛期的适宜土壤相对温度为 70%~80%。

4. 鼓粒成熟期

毛豆胚珠受精后，其子房壁逐渐发展成豆荚，初期是长度增加较快，宽度增加较慢，到豆荚的宽度停止增大时，种皮已经形成；接着是胚和子叶的发展和充实，豆粒发育所需物质的 70% 来自开花鼓粒期叶子的光合产物，30% 来自茎、荚的光合产物和荚中贮藏的养分。

在鼓粒成熟期，要有充分的阳光和健壮的叶片，保证同化面积大、光合效率高。同时要供给充足的水和磷、钾等元素，使叶中制成的有机物质能迅速运转到种子里去。在生产上要着重追施磷肥和氮肥，即使灌水或排涝，防止植株倒伏，尽量推迟叶片衰老。

毛豆为短日照作物，多数品种在 12h 左右光照下形成花芽，延长光照抑制发育。有限生长类型和南方极早熟品种对日照长短的要求不严，春、秋两季均能开花结实。

二、毛豆对外界环境条件的要求

（一）温度

毛豆喜温暖。种子在 10~11℃ 开始发芽，在 15~20℃ 发芽快。苗期能忍受短时间的低温，生长期间最适温度为 20~25℃。温度低，开花结荚期延迟，低于 14℃ 则不能开花。在日间温度 24~30℃，夜间温度为 18~24℃ 时，花发生较早。在生长后期对温度特别敏感，温度高，提早结束生长；温度急剧下降或早霜来临，则种子不能完全成熟。当温度在 1~3℃ 时植株受害，温度降至 -3℃ 时，植株冻死。故在无霜期短的地方，选择适当的品种很重要。

（二）光照

毛豆属于短日照植物。对日照的反应，因品种而异。南方的有限生长类型、早熟品种，对光照的要求不严，在春、秋两季栽培均能开花结荚。北方的无限生长类型、晚熟的品种则多属短日性。所以北方的品种南移，往往提早开花；南方的品种北引，常茎叶繁茂，延迟开花。故各地区间引种，要考虑这些因素。

（三）水分

毛豆是需水较多的豆科作物。对水分的要求因生长时期而不同。在种子发芽期需要吸收比种子重量稍多一点的水分，播种期水分充足，发芽快，出苗齐，幼苗生长健壮。苗期应保持田间最大持水量为 60%～65%，分枝期为 65%～70%，开花结荚期为 70%～80%，鼓粒期为 70%～75%。生育前期过湿或过干，影响花芽分化正常进行，开花减少。在开花结荚期过湿或过干，花荚脱落会显著增加。

（四）土壤养分

毛豆对土质要求不严格，沙壤土至黏壤土皆可栽培，而以土层深厚、排水良好、富含钙质及有机质的土壤为好。最适宜毛豆生长的土壤 pH 值为 6.5，超过 9.6 或低于 3.9 时，毛豆不能生长。

毛豆对养分的需要，据吉林省农业科学院试验，开花以前吸肥较少，从播种至始花期吸肥不到总量的 80% 以上。毛豆需氮多，虽有根瘤菌固氮，但有相当大的部分还要靠施肥供给。若氮素不足，生长不好，花荚脱落增多。开花始期前吸氮量约占总吸氮量的 16%，花开结荚期则占 78%。毛豆也需要大量的磷、钾。分枝期缺磷，分枝、节数会减少；开花期缺磷，节数和开花数减少，增加花荚脱落。缺少钾则叶变黄，由顶部向基部扩展，严重时整个植株枯黄而死。

三、毛豆的类型和品种

（一）毛豆的类型

毛豆依开花结果习性分为有限生长和无限生长两种类型。

1. 有限生长类型

主侧枝生长到一定程度顶芽为花序，主茎上部先开花，后向上或向下延续开花，花期较集中，果荚主要着生在主茎中部，种子大小较一致。这类品种多分布在长江流域雨量较多的地区。

2. 无限生长类型

植株顶芽为叶芽，自主蔓基部逐节向上着生花闯出，花期较长。每节结荚数由下而上渐减少，顶端常结一个荚。这类品种多分布在东北、华北雨量较少的地区。毛豆依生长期分为早、中、晚熟三类。早熟类型生长期在90d以内，品种有鲁青豆1号、华春18、宁蔬1号、六月白等。晚熟类型生长期120~170d，如小寒王、绿宝珠、岩手青毛豆等。依种子色泽分黄、青、黑、褐及双色。以黄色种最普遍，青色豆粒大，如大青豆。

（二）毛豆的品种

1. 早熟种

（1）鲁青豆1号　山东省烟台市农科所选育。株高70~75cm，属有限生长型，主茎节数13~14节；叶片中等大小，椭圆形；花紫色；节下毛棕色；籽粒绿皮青子叶，椭圆形，黑脐，千粒重250g左右，无紫褐斑粒；蛋白质含量42.4%，脂肪含量16.8%。籽粒菜用蒸煮易烂，适口性好。

（2）特早1号　安徽农业大学园艺系与黑龙江省宝泉岭农业科学研究所合作通过有性杂交系统选育而成。属有限生长型，株高62.5cm，开展度23cm。圆叶，紫花，单株分枝2~3个，单株结荚20个。茸毛棕色，每荚种子2~3粒，单荚重2.1g，鲜豆百粒重57.3g，豆荚成熟整齐，出粒率达71.8%，易剥。豆荚色泽嫩绿。易煮烂，品质好。鲜食、加工皆宜。抗性强，耐肥水，较耐低温，结荚节位低。极早熟，春季播种至商品成熟需65~

70d。丰产，鲜荚每亩产量 850~900kg。

（3）小寒王毛豆　江苏省海门县经过引种试种，筛选出的丰产、优质新品种。株高 70~80cm，茎秆粗壮，2~3 个分枝。结荚较密，每荚含种子 2 粒，籽粒近圆球形，粒大，形如豌豆，干豆千粒重 400g 左右，青毛豆千粒重 800~900g。生育期 80d 左右。籽粒质糯、味鲜、清香、爽滑可口，适宜鲜食、速冻及加工成五香豆或罐头。每亩产鲜荚 80kg 以上。

（4）华春 18　系浙江农业大学农学系育成的特早熟菜用大豆新品系。株高 40~50cm，叶片中等大小，叶色较深，分枝短小，3 粒荚比例高达 70%以上。豆荚鼓粒大，干豆百粒重 20~22g，嫩豆易煮烂，软而可口，食味佳。鲜毛豆荚每亩产量 500~650kg，干豆产量 125~150kg。该品系上市早，在长江中下游地区于 3 月下旬播种，6 月 10 日左右鲜毛豆即可上市。

（5）特早菜用大豆 95-1　系上海市农业科学院选育并通过审定的特早熟鲜食菜用大豆品种。春栽采青荚，生育期 75d 左右，植株较矮，生长势中等。株高 40~45cm。叶卵圆。花淡紫色，茸毛灰绿色，有限结荚习性，主茎节数 9~11 节，侧枝 3~4 个。着荚密集，豆荚大而饱满，荚长 4.5~5.0cm，荚宽 1.1~1.2cm，豆粒鲜绿，极易煮酥，口感甜糯，风味佳，鲜荚百荚重 250g 左右，平均每亩产量 550~600kg。该品种耐寒性强，极适于早春大小棚栽培。

（6）早豆 1 号　系江苏省农业科学院蔬菜研究所筛选出的早熟、丰产、优质品种。株高 60~70cm，分枝 1~2 个。结荚密，荚毛白色，籽粒黄，脐无色，豆粒美观、质糯、味鲜。

（7）青酥 2 号　早熟菜用大豆品种，是上海市农业科学院动植物引种研究中心从日本、我国台湾引进的几十份菜用大豆新品种中经单株筛选出来的又一优良新品系。通过 3 年的试种观察，该品系表现极早熟，播种至采收 75~78d。株高 35~40cm，分枝 3~4 个，节间 9~11 节。有限结荚，荚多，平均单株结荚 45~50 个，单株荚重 90g 以上，最多可达 176g。鲜豆百粒重 70~75g，豆粒大而饱满，色泽鲜绿，一烧就酥，且口感甜糯，风味极佳。荚毛灰白，荚色泽碧绿，2 粒荚长可达 6cm 以上，荚宽 1.51cm 以上，是鲜食及加工兼用型品种，也是理想的速冻菜用大豆品种。该品种耐寒性强，适应性广，可提前或延后栽培，特别是通过地膜覆盖早熟栽培，可有效应用于麦稻种植茬口的改良及融入其他多种茬口的套种及间作调整。该品种栽培省工，又利于培肥地力。一般每亩产量可达 500kg 以上，经济效益显著。

2. 中熟种

（1）楚秀　该品种属黄淮中熟夏大豆，由江苏省淮阴农业科学研究所选育。植株属有限生长型，株高 80cm 左右，主茎 16~17 节，叶卵圆形；紫花，荚上有灰色茸毛；含二三粒种子的荚占 70% 以上，鲜豆千粒重可达 600~700g；成熟籽粒椭圆形，微有光泽，脐褐色。一般每公顷产鲜荚 9 000 kg 以上。全生育期 105d 左右，适宜江苏省淮北及淮南地区夏季种植。

（2）宁青豆 1 号　南京农业大学等单位选育。植株生长势强，株高 119.6cm，茎粗 0.96cm，紫色，无限荚习性，初始结荚节位第九节，三粒荚占 30% 以上，单株结荚 56 个左右，单株荚重 95g，荚毛棕色，鲜豆千粒重 650g。种子青皮青仁，球形，脐黑色，光泽好，外观美，品质好。每公顷产青荚约 9 480 kg。

（3）绿光　引自日本。株高 70cm 左右，株型较紧凑，主茎有 12 个叶节，3~4 个分枝，花白色。青荚绿色，荚上茸毛灰色，每荚有种子两粒。青豆粒浅绿色，质嫩，千粒重 480。老熟种子圆粒，浅绿色，千粒重 300g。植株结荚数中等，每公顷产青荚 7 050 kg 左右。其豆粒大，色绿，速冻加工品质好，是做加工用的优良品种。

（4）六月白　江苏省地方品种。株高约 70cm，株型稍松散，花紫色，青荚绿色，每荚有种子 2~3 粒，单荚重 2.2g。青豆粒浅绿色，质地脆嫩，千粒重 400g。老熟种子圆粒，黄色。每公顷产青荚约 9 750 kg，为鲜食和速冻加工兼用品种。

3. 晚熟种

（1）南陵青果豆　南陵青果豆是安徽南部最晚熟的大豆地方品种。植株高 90cm 左右，离地面 30cm 开水红色花结荚。每荚有种子 2~4 粒，以 3 粒为多。种子黄脐，淡绿色，扁圆形或遍椭圆形。千粒重 500g。嫩豆腰子形，粒大味鲜，品质极佳。抗病虫性强。

（2）小寒王　江苏省启东市地方品种。植株矮生，株高70~80cm。茎秆粗壮绿色，有 2~3 个分枝，开展度 62cm。叶色深绿，花冠紫色，第一花序着生于主枝 5~6 节。每花序结荚 5~7 个，青荚绿色，老熟荚黄褐色，种子近圆球形，形如速豌豆。嫩豆粒绿色，成熟种子种皮有淡黄色和淡绿色两种。种脐深褐色。青豆粒千粒重 800~900g，干豆粒千粒重 380~440g。每公顷产青豆荚 12 000 kg 左右。

（3）绿宝珠　江苏省启东市近海农场育成。有限结荚型，株高 55~60cm，茎秆粗壮，分枝 3~4 个。叶大心脏形，叶色深绿。紫花，2 粒荚，荚熟时呈暗绿色，粒椭圆形，种皮和子叶均为绿色，黑脐，干豆种子千粒重 380~400g，青豆粒千粒重 800~850g。耐肥抗倒伏，每公顷产鲜荚约 9 750 kg。

（4）岩手青毛豆　自日本茨木市引入。植株生长旺盛，叶色深绿，株高 85cm，分叉多，花紫红色密生，单株产荚 60 个左右。多粒荚占 92%。豆粒大，椭圆形，绿色，饱满，千粒重 272g。抗病、抗逆性强，适应性广，每公顷产青豆荚 15 840 kg。

四、毛豆的栽培季节

（一）毛豆的露地栽培

这是毛豆的主要栽培方式。长江流域大多数地区从春至秋都可生产毛豆，各地根据不同品种的成熟性和对光照长短的反应，妥善安排播种期，实行春播或夏播，可在夏、秋季收获，从6月开始收获嫩荚，以青豆（嫩豆）供食，直至9月，最迟可到10月，一般7—8月为生产旺季。

具体播种期，长江流域3—6月均可，春播的夏收，夏播的夏末至秋收获。3月播种育苗的，4月上旬定植，6—7月收获。4—6月直播的，7—9月收获，早熟品种早播早收，中、晚熟品种晚播晚收。华南秋播为7—8月播种，9—10月收获。

毛豆在适宜的播种期范围内，早播的产量高。但要注意两个问题：一是品种对日照长短的反应，如早熟品种播种迟，则植株矮小，产量低，故宜春播夏收。晚熟品种播种过早，生长期延长，枝叶徒长，甚至植株倒伏，产量下降，故宜夏播秋收；二是市场供应问题，产品过于集中，将会影响效益的增加。

（二）毛豆的保护地栽培

毛豆春早熟栽培，长江流域主要在大棚内进行，实行冬或早春播种育苗，春末至初夏收获。一般在2月下旬至3月中旬播种，5月采收上市，如南京地区采用黑丰、宁蔬60等品种在2月下旬播种，可在5月上中旬收获。

五、露地毛豆无公害生产技术要点

（一）毛豆的春季露地生产

1. 播种前的准备

（1）整地施基肥　毛豆一般单作，也可间套。单作的首先要做好整地施基肥的工作。毛豆对土质的要求不严格，凡疏松肥沃、排灌方便的田块均可。播种前尽早深犁晒伐，细耙做畦，畦要平直。结全整地，施足基肥。有机肥料对毛豆植株的生长发育有良好作用，氮肥和磷肥配合的增产作用比单施氮肥大，铵态氮的作用比硝态氮好。耕地时用栏肥或堆肥每公顷 22 500～37 500kg，翻入土中作为基肥。若土壤过酸，要施石灰调节 pH 值为6～7.5，手播种前在播种穴或播种条沟中施过磷酸钙每公顷 225～300kg。

（2）种子处理

①选种：播种前先将种子进行筛选或风选，除去种子中混有的菌核、菟丝子种子、小粒和秕粒，再拣除有病斑、虫蛀和破伤的种子。

②药剂拌种：微量元素中的钼能增强毛豆种子的呼吸强度，提高发芽热和发芽率。可用浓度为 1.5% 的钼酸铵水溶液拌种，每 100kg 种子用钼酸铵稀释液 3.3kg。若种子田曾发生紫斑病、褐纹病、灰斑病等，还须用福美双拌种消毒，用药量为种子重的 0.2%。

③根瘤菌接种：未种过毛豆的田块，接种根瘤菌效果显著。发育良好的根瘤，能供应毛豆所需全部氮素的 63% 左右，其余氮素则靠施肥满足。根瘤菌接种办法：a 土壤接种。从毛豆根瘤

生长良好的田地中，取出表土撒于准备播种毛豆的田中，一般每公顷撒土 525kg 左右。b 土壤水液接种。把含有多量根瘤菌的土壤，加入等量的水，搅成泥浆，澄清 5min 后，用上面较清的泥浆和种子混合，每 100kg 种子拌泥浆水 4~5kg。阴干后播种。如种子太湿，播种不方便，可加些含有根瘤菌的细干土。c 根瘤菌剂接种。利用人工培养的优良菌种制剂，效果更好。一般每 100kg 种子，用根瘤粉 400g，加水 5kg 充分拌和，接种时宜避免阳光直射和过分干燥，拌后随即播种，以免失效。

2. 播种育苗

（1）直播 目前生产上广泛应用的是穴播，其次是条播。植株分枝小的品种较适宜穴播。条播比穴播更适宜机械操作。穴播的在畦面按预定的距离开浅穴，一播早熟品种穴距约 25cm，中熟品种约 30cm，晚熟品种 35~40cm，每穴均匀播种 3~6 粒，盖土 3~4cm，再盖一些腐熟堆肥或草森灰，既可保持土表疏松又可增加钾肥。条播的在畦面按预定的行距开浅沟，沟底要平整。再按适宜的株距把种子播入沟内，每处 1 粒，种子上盖土与穴播同。一般早熟品种行距约 30cm，晚熟品种行距 40~50cm，株距 12cm。每公顷穴播的播种量 45~60kg，条播的 75~90kg。

（2）育苗 毛豆也可用冷床育苗。先做好苗床，床畦要较窄而高，苗床要整平，床土要细碎，不可过湿，播种前晒热。播种宜用秋籽，这种种子发芽势强，在较低温度下仍能良好发芽。播种要稀密适度，播下后用松土覆盖约 2cm，表面再撒一层黑色的砻糠灰，使土温易升高。出苗前不可浇水，以免烂籽；夜间及雨天苗床盖严以防冻防雨，晴天揭开晒太阳。一般于播种后 10 余天出苗。再经过 10~15d，当幼苗的全过程 25~30d。每公顷大田所需苗株的播种量是 37.5~52.5kg。

3. 定植

毛豆幼苗在第一复叶展开前能耐 −3 ～ −2℃ 的低温，可在断霜前数日定植到露地。栽植时按预定行穴距挖穴，幼苗带土栽植，每穴栽 1~2 株。深度以子叶距地面 3~5cm 为宜，不要栽得过浅过深。栽得过浅，以后多雨易露根，遇强风易折断；栽得过深，心叶易被泥沾污，妨碍生长。栽后覆土，稍加镇压，浇定根水。

毛豆的单位面积产量是由单位面积株数、每株结荚数、每荚重量、每荚含种子数和千粒重等因素决定的，而单位面积和株数是组成产品的重要因素。毛豆的适宜密度应根据品种、栽培季节、土壤肥力和耕作栽培条件等进行确定。早熟毛豆以每公顷450 000 株为宜，中熟毛豆以 270 000~300 000 株为宜，晚熟毛豆则以 225 000~255 000 株为宜。秋播生长期短，长势较弱可以比春播较密。间作能较好地利用环境条件，可以比单作密植。密植程度相同，方形栽植或宽行窄株距比双株栽植的可获得较高产量。毛豆合理密植的生理指标，是植株封行后田间的叶面积系数为 4~5。如叶面积系数过高，植株下层光照条件恶劣，黄叶、落叶多，降低光合作用率，营养物质的制造积累减少，花荚脱落增多。如叶面积系数过低，又不能充分利用日光能，全田光合量降低，也不会达到增花保荚丰产的目的。

4. 管理

（1）间苗和补苗　直播的毛豆齐苗后须及早间苗，淘汰弱苗、病苗和杂苗。一般在子叶刚开展时间苗一次完毕。若地下害虫多则分两次间苗，在第一对单叶开展前结束。穴播的通常每穴留两株。条播的按保苗计划留足。直播的田间常有缺苗，多是由于种子不良、播种质量差或地下害虫多等原因造成，要及时补苗。可用间苗时匀出的苗，选好的补上，最好是播种时播种一些后备苗。补后浇水，保持土壤湿润，以保成活。

（2）追肥 毛豆是固氮作物，对氮素的要求不高，但为了多分枝、多开花、多结荚，在施足基肥的基础上，科学追肥，有利于毛豆高产。在幼苗初期根部还未形成根瘤或根瘤菌活动较弱时，要适量追施苗肥，促使幼苗生长健壮。可在出苗后1周每公顷施尿素75kg，促进根、叶生长。开花前如生长不良，再施10%~20%的人粪尿一次，草木灰1 500~2 250kg，过磷酸钙75~150kg，促使豆荚充分饱满；后期还可用1%~2%过磷酸钙浸出液根外追肥。钾肥不足，容易发生叶黄病，可施用苗木灰或硫酸钾进行防治。

（3）灌溉和排水 毛豆植株枝叶茂盛，水分蒸腾量多。每形成1g干物质需要吸收600~1 000g水。在幼苗期宜保持较低的土壤湿度，促进根系向土壤深层发展，扩大吸收面积。作早熟栽培的，苗期减少土壤含水量，可使土温升高，促进植株生长。毛豆在开花结荚期如果缺水，单粒荚明显增加，严重影响产品的成品率。同时毛豆的耐涝性差，不能使豆田积水过久。因此要根据不同天气不同时期进行合理排灌。一般南方春季阴雨天多，雨后要及时开沟排水；秋季天气干旱雨水少，播种期、分枝期，开花结荚期都需及时灌水，以沟灌润田为原则。

（4）中耕除草 中耕可使土壤疏松，增加土壤中氧气含量，从而促进毛豆根的发展和根瘤菌的活动。早熟栽培的毛豆在幼苗期进行中耕可使土温升高，增强根对磷的吸收。每次中耕时把细土壅到豆苗基部，可保护主茎和防止倒伏，促使根群生长。毛豆播后苗前，喷施除草剂乙草胺，效果较好。出苗后到开花前要除草3次左右。

（5）摘心 毛豆植株发生徒长则落花、落荚和秕粒、秕荚增多，产量和质量降低。摘心可以抑制生长，防止徒长，提早成

熟，增加产量。试验证明，摘心可以增产 5%～10%，提早成熟
3～6d。有限生长类型的品种，在初花期摘心为好，无限生长类
型的品种则应在盛花期以后摘心。

5. 采收留种

毛豆一般在豆粒已饱满，豆荚尚青绿时采收。过早则豆粒瘦
小、产量低；过迟则豆粒坚硬，降低品质。采收时全株一次收
完，或分二、三次采收。采收后放在阴凉处，保持新鲜。留种的
植株必须待种子完全成熟，植株的茎秆干枯，大部分叶发黄枯
落，豆荚变为褐色或黑褐色，豆荚中的豆粒干硬，豆粒和荚壁脱
离，用手摇动植株时种子在荚中有声响，此时要在豆荚未爆裂时
及时采收。

留种用的种子在贮藏期中若遇高温，呼吸作用加强，养分易
消耗，同时种子吸收空气中的水分，使脂肪变成脂肪酸，种子的
发芽能力减弱，植株生长衰弱，因此毛豆应该贮藏在温度低、湿
度小的环境下才能保证一定的发芽力。成都、南京的农民为了保
证毛豆的发芽力，采用翻种的办法，即毛豆种在夏天收获后立即
播种，到当年 9 月后所收获的种子作为明年春季播种者。经过翻
种后的种子并未经过高温多湿的环境，所以种子发芽力较高，幼
苗生长好。经翻种后的种子较小，有光泽，可在较低的温度下发
芽。翻秋留种连续 3～4 年后，豆荚和种子逐渐变小，发生退化
现象，因此需从外地换种。为了解决这个问题，现在有的地方采
用了北繁留种的办法。

（二）毛豆的秋季露地生产技术要点

秋毛豆在长江流域一般在 7 月中旬至 8 月初播种，8 月底开
花，10 月上中旬上市，可调剂 10 月上中旬叶菜类蔬菜尚味大量
上市的淡季，深受市场欢迎，栽培较为普遍。

1. 选择适宜的品种

作秋毛豆栽培的品种宜选丰产性好、蛋白质含量高、籽粒大、易剥的秋型品种，如浙江省的郑地九月黄、咸宜大豆、徐山八月拔、大桥豆、山花豆、高家黄豆等。

2. 选种晒种

播种前挑去破粒、虫粒、瘪粒，进行几小时晒种，提高发芽率和发芽势。

3. 适期播种

秋毛豆适宜的播种期为 7 月中旬至 8 月初。若种于早稻收割后的易旱田，应提供早稻边收割边播种，点稻桩豆，以便豆籽利用稻桩所蓄的水分，提高出苗率，播种不宜过早，否则会生长过盛，荫蔽，造成瘪荚数增加，病虫害加重。

4. 合理密植，播后盖草保水

适宜的播种密度为 20cm×30cm 或 20cm×35cm，每丛留 3 苗。每公顷苗数为 39 万~45 万株。播种后宜盖稻草或草，可保持水分和抑制杂草生长。

5. 适施磷、钾肥，巧施氮肥

以每公顷施磷肥 150~300kg、钾肥 225kg 左右，作基肥施下为宜。若苗期发僵，可叶面喷施 2% 的氮肥溶液，以补充氮素，因苗前期尚无固氮能力，而造成氮素供应不足。

6. 及时间苗、查苗、补苗

天旱时，水田灌跑马水，旱地应浇水，及时除草治虫和防病。常规留种。

六、早春大棚毛豆无公害生产技术要点

(一) 品种选择

选用早熟、耐寒性强、低温发芽好、商品性好的宁蔬 6、台湾 292、日本大粒王等品种。

(二) 适期早播

直播，播种时间为 2 月下旬。播前精细整地，均匀施肥，每亩施 2 500~3 000 kg 腐熟农家肥，过磷酸钙 25kg，大棚内做成两畦，畦沟宽 30cm、深 20cm。行距 30cm，穴距 20cm，每穴 3 粒。播种深度 10cm 左右，播种过浅不易出苗。播种后立即覆盖地膜和大棚膜。江浙一带早初播种，采用棚内地膜覆盖育苗移栽，露地栽培于 3 月下旬播种，播后加盖地膜。促进苗齐、苗全、苗匀、苗壮。每亩用种量 7. 5kg 左右。

(三) 合理密植

对株形紧凑、熟期早的品种如特早 95-1 品种，要重视密植，行距 25cm，穴距 15~20cm，每穴保苗 2~3 株，每亩留苗数 1. 5 万株以上。

(四) 科学施肥

对株形较矮、不易徒长的品种如特早 95-1，应施足基肥。每亩施复合肥 30kg，苗期应看苗施肥，苗弱叶色浅时施适量速效氮肥。初花期每亩追施尿素 10kg 加复合肥 5kg。结荚期叶面喷肥 0. 45 磷酸二氢钾加 1% 尿素溶液，可有效提高结荚数，增加产量。

(五) 调控温度

在春季早熟大棚栽培时，苗期温度在 25℃时，就应及早通风换气。

(六) 精细管理

出苗后及时检查缺苗情况，及时补播。确保每亩有 2 500~3 000 株苗，这是早熟菜用大豆丰产的关键。管理中应及时划破地膜，促进幼苗生长。苗齐后要及时通风，白天保持 20~25℃，防止高温徒长，夜间注意防寒防冻。3 月中旬以后，气温渐高，要加强通风。4 月中旬揭掉大棚薄膜。幼苗期根瘤菌未形成前需要追施一次氮肥，每亩用尿素 5~10kg。开花初期喷硼肥加多效唑，可防病增产。结荚初期，每亩再施草木灰 100kg，过磷酸钙5kg，促进豆荚饱满。此时应该防止田间兔、鼠偷吃豆荚。水分管理要贯彻"干花湿荚"的原则，开花初期水分要少些，湿度大会落花、落荚，结荚后浇水，促荚生长，但要防止田间渍水。

(七) 适时采收

豆荚充分长大、豆粒饱满鼓起、豆荚色泽由青绿转为淡绿时为采收适时，一般 5 月下旬开始采收，每亩可收豆荚 560kg左右。

七、毛豆主要病虫草害无公害防治技术

（一）主要病害的防治

1. 大豆霜霉病

（1）发病症状　主要在开花结荚期发生。先在叶片上产生多角形或不规则形黄斑，边缘明显，叶背面产生灰白色霜霉层，其后病斑变为褐枯斑，有时造成穿孔，叶背面霜霉层变为灰褐色，也侵染豆荚，豆荚内充满菌丝体和卵孢子。在苗期感染时造成系统性发病，严重时造成主茎枯死。开花结荚期感染为次感染，只形成叶斑，不形成系统性发病。病原菌为东北霜霉，属鞭毛菌亚门真菌，卵孢子近球形，内含1个卵球。

（2）发生特点　病菌菌在病残体上越冬。翌年，条件适宜时产生游动孢子，从子叶下的胚茎侵入蔓延，后产生大量孢子囊及孢子，进行再侵染，一般雨季气温在20~24℃时发病重。

（3）防治方法　选用抗病品种，从无病地留种；实行2年以上轮作；清洁田园，焚烧病残体，及时耕翻土地；合理施肥、密植。药剂防治可在播种前用600~800倍杜邦克露稀释液浸种1.0~1.5h。发现病株及时喷洒600~800倍杜邦克露或12%绿铜乳油液，连续喷洒2~3次。

2. 大豆花叶病毒病

（1）发病症状　本病因品种、气候条件变异较大。常见有4种症状，即轻花叶型、重花叶型、皱缩花叶型和黄斑型。由大豆花叶病毒侵染引起。

（2）发生特点　田间管理条件差，蚜虫量大，气候干旱发病较重。

（3）防治方法 选用抗病品种，严格选用无病种子；建立无病留种田，田间及时拔除病株；加强肥水管理，提高植株的抗病性；及早防治蚜虫，严防病毒蔓延；必要时可在发病初期叶面喷洒20%病毒A可湿性粉剂500倍液，抗毒丰300倍液等，隔10d左右防治1次，视病情防治1~2次。

3. 大豆灰斑病

（1）发病症状 幼苗及成株均可染病。幼苗期发病，子叶上出现圆形或半圆形稍凹陷的红褐色病斑，病情严重时，可导致死苗。成株期叶片、茎秆、豆荚、籽粒均可发病。病斑初期为红褐色小点，后叶片上的病斑逐渐扩展成圆形，边缘红褐色。中央灰白色，天气潮湿时背生灰色霉层，后期病斑相互合并成不规则状，干燥时可导致中央开裂；茎秆上病斑呈棱形，中央灰褐色，边缘不明显，后期相互合并甚至包围整个茎秆，豆荚上病斑为圆形，中央褐色，边缘深褐色，后期也可合并成不规则状；籽粒上病斑红褐色稍凹陷呈圆形。菜用大豆灰斑病原菌为大豆尾孢菌，属半知菌亚门的真菌。分生孢子梗簇生，成束从菜用大豆气孔中伸出，淡褐色，不分枝，有膝状节，孢痕明显；分生孢子呈棒状或圆柱状，无色透明，有多个隔膜。

（2）发生特点 病原菌以菌丝体在菜用大豆种子或病残体中过冬，翌年春季菜用大豆种植后产生分生孢子，成为初侵染来源，分生孢子借风雨传播，侵染菜用大豆幼苗，造成幼苗染病。但由于3~4月幼苗期气温较低，所以幼苗期发病一般非常轻。以后病部产生分生孢子进行再侵染，随着气温回升，再侵染的不断进行，至5月中下旬雨季开始后，灰斑病即大面积流行。秋季种植菜用大豆，在发生灰斑病的田块留种，后期豆籽染病即造成种子带病。经过严格消毒处理的种子种植后病情比未经消毒的种子种植后病情轻，说明种子带菌情况是影响菜用大豆灰斑病发生

的重要因素。适温高湿条件有利于灰斑病的发生，其适宜温度为
23~27℃，尤其温度适宜，且降雨季节与结荚期相吻合，导致豆
荚染病严重。

（3）防治方法　一要选用无病种子。品种抗性方面，目前
种的品质较好且在国外较有市场的菜用大豆品种有绿光74、绿
光75，但在闽西山区种植抗性表现较差，而292、2808等虽然
较为抗病，但对于采收、加工方面要求较严，品质较差。二要做
好种子消毒处理。种植菜用大豆，必须严格选用优质无病的种
子，播种前要做好种子消毒工作，可用50%多菌灵或福美双可
湿性粉剂按种子量的0.3%~0.4%进行拌种。同时，每5kg种子
可用20g微生态制剂一起拌种，可提高其抗病性。三要合理轮
作。连续几年早季种植菜用大豆，晚季种植甘薯等旱作的田块灰
斑病的发生比水旱轮作的田块重。低洼积水的田块灰斑病发生比
通透性良好的山地病情重。春种比秋种的病情重。四要适度密
植，提高群体抗病性。

4. 大豆白粉病

（1）发病症状　病害多从叶片开始发生，叶面病斑初为淡
黄色小斑点，扩大后成不规则的圆形粉斑。发病严重时，叶片正
面和背面均覆盖一层白色粉状物，故称白粉病。受害较重的叶片
迅速枯黄脱落。嫩茎、叶柄和豆荚染病后病部亦出现白色粉斑，
茎部枯黄，豆荚畸形干缩，种子干瘪，产量降低。发病后期，病
斑上散生黑色小粒点（闭囊壳）。病原菌为大豆白粉菌。

（2）发生特点　北方寒冷地区，病原菌以闭囊壳在病残体
上越冬，次年春暖后闭囊壳成熟，散出子囊孢子。在温暖无地霜
地区或在棚室内，分生孢子和菌丝体能终年丰存活。田间以子囊
孢子和分生孢子进行初侵染，寄主发病后病斑上产生大量分生孢
子，经气流传播引起再侵染。分生孢子萌发的温度为10~30℃，
最适温度为22~24℃，空气相对湿度98%。在昼夜温差大和多

雾、潮湿的气候条件下易于发病。土壤干旱或氮肥施用过多时也易发病。

（3）防治方法　避免重茬和在低湿地上种植，合理密植，保持植株间通风良好，降低空气湿度。增施钾肥，提高植株抗病能力。发病初期可用70%甲基托布津1 000倍液，或50%多菌灵可湿性粉剂1 000倍液，或25%粉锈宁可湿性粉剂2 000倍液，或58%甲霜灵锰锌可湿性粉剂500倍液，每隔10d左右喷施1次，连喷2~3次。

（二）主要虫害的防治

1. 大豆蚜虫

（1）为害特征　成虫和若虫均能刺吸植株嫩叶、嫩茎、花及豆荚的汁液，使叶片卷缩发黄，嫩茎变黄，品质下降。严重时影响植株和豆荚生长，造成减产。

（2）防治方法　大豆蚜虫可用50%抗蚜威水分散粒剂3 000倍液喷治，用4%高氯·吡虫啉乳油2 000倍液防治，也可用50%避蚜雾可湿性粉剂，或用2.5%溴氰菊酯乳油2 000~3 000倍液喷防2~3次。

2. 豆荚螟

（1）为害特征　以幼虫蛀食寄主花器，造成落花。蛀食豆荚早期造成落荚，后期造成豆荚和种子腐烂，并且排粪于蛀孔内外。幼虫有转果钻蛀的习性。在叶上孵化的幼虫常常吐丝把几个叶片缀卷在一起，幼虫在其中蚕食叶肉，或蛀食嫩茎，造成枯梢。

（2）防治方法　在上午9时前施药，着重喷在花蕾上。严禁施用剧毒、高残留或长效化学药剂。可用20%氰戊菊酯乳油2 000倍液防治。

3. 大豆孢囊线虫

（1）为害特征　大豆孢囊线虫可导致籽粒变小，产量下降，品质变劣。大豆孢囊线虫病连茬地块发生较重。主要为害大豆根部，被害植株发育不良，植株矮小，苗期感病后子叶和真叶变黄，发育迟缓，成株感病后地上部矮化或枯黄，结荚减少，严重者全株枯死，病株根系不发达，侧根显著减少，须根增多，根瘤少而小，根系上着生许多白色或黄白色小颗粒，即孢囊，发病轻的植株虽能开花结荚，但荚少，因线虫的寄生，使大豆植株营养失调，造成大幅度减产。

（2）发病条件　大豆孢囊线虫病的发生与为害与耕作制度、温湿度及土壤类型及肥力状况有密切关系，连作地块发生较重，连作时间越长，发病程度越重，土壤干旱、保水保肥能力差的地块发病重。孢囊线虫是在土壤中侵染的，土壤温、湿度直接影响其侵染寄生活动，在发育最适温度 15~27℃ 条件下，发育速度与温度成正比，温度越高发育越快，发生虫量越多，孢囊线虫最适土壤湿度为 40%~60%。大豆孢囊线虫是以 1 龄幼虫的孢囊在土壤中越冬，也可寄生在根茬中越冬，大豆出苗后，幼虫从大豆幼根的表皮侵入，开始初次侵染。

（3）防治方法　选用抗病耐病品种，采用多品种种植；实行轮作倒茬，防止重迎茬，与禾本作物进行 3~5 年轮作，能有效控制孢囊线虫病的为害，轮作年限越长，防病效果越好；选择保水、保肥能力较好的土壤种植大豆，增施有机肥，提高土壤肥力，促进植株生长健壮，增强抗病性；药剂防治中效果较好的有佳木斯农药厂生产的 8% 甲多种衣剂，药种比例 1：75，防效达 77.2%。种衣剂 26-1 防效 68.7%。

4. 食心虫

（1）为害特征　大豆食心虫属鳞翅目卷叶蛾科。1 年 1 代，大龄幼虫在豆茬田越冬，8月上旬产卵，幼虫蛀食豆荚和豆粒。

（2）防治方法 可在食心虫化蛹和羽化时多中耕消灭蛹和幼虫，在田间插一定数量一端蘸有敌敌畏的高粱秆等进行熏蒸。释放赤眼蜂灭卵。也可在菜用大豆始花期至盛花期用50%辛硫磷乳油1 000~1 500倍液喷雾2次。

5. 小地老虎

（1）为害特征 小地老虎3龄前的幼虫大多在植株的心叶里，也有的藏在土表、土缝中，昼夜取食植株嫩叶。4~6龄幼虫白天潜伏浅土中，夜间出外活动为害，尤其在天刚亮多露水时为害最重，常将幼苗近地面的茎部咬断，造成缺苗断垄。

（2）形态特征和生活习性 小地老虎成虫体长16~23mm，翅展42~54mm，深褐色。前翅由内横线、外横线将全翅分为三部分，有明显的肾状纹、环形纹、棒状纹，有两个明显的黑色剑状纹。后翅灰色无斑纹。幼虫体长37~47mm，灰黑色，体表布满大小不等的颗粒，臀板黄褐色，有两条深褐色纵带。地老虎喜欢温暖潮湿的气候条件，发育适温为13~25℃。

（3）防治方法 利用成虫对黑光灯和糖、醋、酒的趋性，设立黑光灯诱杀成虫。用糖60%、醋30%、白酒10%配成糖醋诱杀母液，使用时加水一倍，再加入适量农药，于成虫期在菜地内放置，有较好的诱杀效果。用95%敌百虫晶体150g，加水1.0~1.5L，再拌入铡碎的鲜草9kg或碾碎炒香的棉籽饼15kg作为毒饵，傍晚撒在幼苗旁边诱杀。在幼虫3龄前，可选用90%敌百虫晶体1 000倍液，或2.5%溴氰菊酯3 000倍液。

第五章 荷兰豆

荷兰豆属软荚豌豆，俗称食荚菜豌豆，是豆科豌豆属一年生或越冬草本植物。原产欧洲南部、地中海沿岸及亚洲中西部，其种荚内果皮的厚膜组织发生迟，纤维很少，嫩荚可食，甜脆可口，主要采收嫩豆荚，成熟时荚果不开裂。目前已是我国西菜东调和南菜北运产业的主要品种之一。荷兰豆的嫩荚、嫩梢、鲜豆粒及干豆粒均可食用，生食、熟食各具风味，是唯一能充当水果生食的豆类特菜，也是涮火锅的珍品菜。软荚豌豆传入我国的历史悠久，最早在汉朝就有栽培，且分布较广泛，但分布不匀，主要分布在长江以南各地区，尤其东南沿海各省及西南地区如广东、广西、四川和云南等省（自治区）普遍栽培。过去北方地区很少栽培，商品生产更少见。自改革开放以来，华北、华东和西北地区作为名优特奇蔬菜引进栽培，并开始逐年扩大种植面积，利用南北气候互补的特点进行反季节栽培，实现周年生产，不仅受到宾馆、饭店的欢迎，而且也深受广大人民群众的青睐，成为名优高档蔬菜。我国山东各地栽培的荷兰豆主要用于出口创汇，经济效益可观。甘肃省已有周年产荷兰豆的生产基地，产品远销上海、广州、深圳等南方各大城市，还出口日本、韩国等国家。

荷兰豆的营养价值很高，每100g鲜嫩荚果中含水分70.1~78.3g，蛋白质5.9~6.6g（其中含有人体必需的8种氨基酸），碳水化合物 9.5~11.9g，脂肪 0.4g，纤维素 1.2g，还含有多种维生素，其中胡萝卜素 0.38mg，维生素 B_1 0.5mg，维生素 B_2 0.19mg，维生素 C 28mg，烟酸 1.6mg。在所含的矿物质元素中，钙为 17mg，磷 90mg，铁 0.8mg，可提供 334kJ 的热量。

荷兰豆的鲜荚质脆清香，风味鲜美，主要用于清炒、荤炒和做汤，有些品种还可生食或做凉拌菜，与其他红、绿、白色蔬菜及肉食做成拼盘，更是色、味、营养俱佳的上等菜肴。荷兰豆也可腌渍，又是加工罐头或速冻蔬菜的主要原料，远销海内外。它的嫩梢也是炒食和做汤的优质鲜菜，广东称为"龙须菜"，四川称为"豌豆尖"。

一、荷兰豆的形态特征

（一）植物学性状

1. 根

荷兰豆的根系强大，属直根系作物，由于它的主侧根发育旺盛，所以育苗移栽后也易成活。若采用护根育苗，定植后几乎没有缓苗的过程。侧根主要分布在 0~20cm 的土层中。由于根系分泌物对翌年的根瘤活动和根系生长有抑制作用，故不宜连作。

2. 茎

荷兰豆的茎分矮生性、蔓性和兰蔓性。蔓性的蔓长 1.1~1.4m，半蔓性的蔓长 0.66~1m，矮生性的蔓长 0.66m 以下。茎中空，圆形，脆嫩，表面被蜡质或白粉，节部有托叶 1 对，较大。矮生种节短，茎直立，分枝力弱，蔓生种节长，茎半直立或缠绕，分枝力强，需要立支架。

3. 叶

叶为羽状复叶，有 1~3 对小叶，小叶卵圆形或椭圆形，绿色，有蜡粉，顶生小叶，可变为卷须。

4. 花

花着生于叶腋间，为总状花序。每一花序上有 1~2 朵小花，矮生品种则为 2~7 朵。一般早熟品种在 5~6 节开花，晚熟品种在 15~16 节开花。荷兰豆是自花授粉作物，在日光温室里栽培时可以正常开花结荚，但若种植蔓性品种，光照不足或温度过高时易引起落花落荚。

5. 荚和种子

荷兰豆的种子呈小圆球形，分圆粒种子和皱粒种子两种。种子颜色因品种而异，千粒重 230g 左右，使用年限为 1 年。

(二) 生长发育特点

荷兰豆的生长时期短，发育速度快，它的生长发育可分为营养生长与生殖生长两个阶段，包括以下 4 个生育时期。

1. 发芽期

从种子萌动到第 1 真叶出现，需 8~10d，豌豆种子发芽后子叶不出土，所以播种深度可比芸豆、豇豆等深一些。发芽时也不宜水分过多，否则容易烂种。真叶出现后，开始进行光合作用，便转入幼苗生长阶段。

2. 幼苗期

从真叶出现至抽蔓前为幼苗期，不同熟期的品种类型，经历时间也不同，一般为 10~15d。

3. 抽蔓期

植株茎蔓不断伸长，并陆续抽发侧枝。侧枝多在茎基部发生，上部较少，约需 25d。矮生或半矮生类型的抽蔓期很短，或无抽蔓期。

4. 开花结荚期

采收商品嫩菜的从始花至豆荚采收结束为开花结荚期。留种田的又可细分为开花结荚期、豆荚嫩熟期和豆荚老熟期。早、中、晚熟品种分别在 5~8 节、9~11 节、12~16 节处生花。主蔓和生长良好的侧蔓结荚多。开花后 15d 内，以豆荚发育为主，嫩豆荚应在此时采收，15d 以后则豆粒迅速发育。

二、荷兰豆对环境条件的要求

荷兰豆属半耐寒性作物，冷凉、湿润、短日照的气候条件有利于其生长发育，荷兰豆对土壤条件的适应性较强。

（一）温度

荷兰豆喜冷凉。在不同的生育时期对温度有不同的要求。种子发芽的最适温度为 16~18℃，在 1~5℃ 的低温条件下出苗率低，出苗缓慢。在 25℃ 以上的高温条件下，出苗率也会下降，而且种子容易霉烂。荷兰豆的幼苗较耐寒，可忍耐短时间的 -6℃ 的低温。营养生长适温为 15~18℃，豆荚形成期适温为 18~20℃，温度高于 25℃，豆荚虽然能提早成熟，但品质变差，产量降低。

（二）光照

荷兰豆是长日性作物，多数品种在延长光照时可提早开花，缩短光照则延迟开花。在较长日照和较低温度同时作用下，花芽分化节位低，分枝多；长日照与高温同期时，分枝节位高。因此，春季栽培时，如果播期晚，则开花节位升高，产量下降。但有些早熟品种对光照时间长短的反应迟钝，即使秋季栽培，也能开花结荚。一般品种，在结荚期间都要求较强的光照和较长的日照时间，但温度不宜过高。

（三）水分

荷兰豆在整个生育期间，都要求较高的空气湿度和充足的土壤水分。在种子发芽过程中，需要吸收大量水分，如果土壤水分不足，则出苗慢而不整齐。在开花期如果遇到空气湿度过低，会引起落花落荚；在结荚期若遇高温干旱，会使豆荚硬化，提前成熟，从而降低产量和品质。因此，在整个生长期间，都应供给充足的水分，保持土壤湿润，才能使荷兰豆荚大粒饱满，高产优质。但荷兰豆又不耐涝，如果土壤水分过多，在出苗前容易烂种，苗期容易烂根，抽蔓至开花期容易引起病害和落花。

（四）土壤和养分

荷兰豆对土壤条件要求不严格。但高产优质栽培，应选择疏松肥沃、富含有机质的中性土壤。荷兰豆适宜 pH 值为 5.5~6.7 的土壤，如果 pH 值低于 5.5，易发生病害，根瘤菌的发育受到抑制，难以形成根瘤。酸性过大的土壤，可施石灰中和。荷兰豆忌连作，轮作年限要求间隔 4 年。

荷兰豆虽然有根瘤，但在苗期固氮能力较弱，必须供给较多的氮素养分。据测定，荷兰豆正常生长发育所吸收的氮、磷、钾比例为 4∶2∶1，所以，荷兰豆施肥应以有机肥作基肥为主，配合施用磷肥，还可使用根瘤菌拌种。在基肥中混拌少量速效氮肥，既可促进幼苗生长，又有利于根瘤菌的生长繁殖，对提高产量和品质有重要作用。

三、荷兰豆优良品种介绍

荷兰豆按其茎的生长习性可分为蔓生、半蔓生和矮生 3 种类型。

(一) 蔓生种

1. 饶平大花

广东饶平县地方品种，植株蔓生，株高 2～2.5m，节间 10cm，从第 10～12 节位开花结荚，花紫红色，荚长 10～12cm，宽 2.5cm。每株结荚 20 个左右。嫩荚品质好，稍弯。从播种到始收嫩荚 75d，抗白粉病能力强，每亩产量可达 800kg 左右。

2. 松岛三十日

引自日本。蔓长约 1.5m。花白色，双花双荚。豆荚中型，长约 8cm，宽 1.5cm 左右。豆荚形状平直，鲜绿色，品质上等，耐贮藏，加工后外观好看。该品种适应性强，耐病，耐热，在高温条件下能正常开花，结荚良好，适合夏季栽培。

3. 抗病大荚豌豆

从日本引进的抗白粉病的荷兰豆品种。始花发生在第 13～14 节，花红色。豆荚绿色，荚长 12cm，宽 2.5cm，品质优良。春播时从播种至初收约需 85d。

(二) 半蔓生种

1. 子宝三十日

从日本引进的优良品种。半蔓生种，蔓长 1.0～1.2m，分枝性强。花白色呈双生，一般出苗后 30d 可出现初花。豆荚小型，长约 6.5cm，鲜绿色，品质脆嫩，风味好。其花梗部位质脆，容易采收。该品种耐寒能力强，也耐高温，在夏季高温条件下结荚良好，春、夏季均可栽培。

2. 阿拉斯加

自美国引进。株高 1m，白花，嫩荚绿色，平均荚长 6.0cm，荚宽 1.5cm，种子圆形，早熟，抗旱，但不耐寒。该品种从播种到收获嫩荚需 60~65d，到种子成熟需 85~90d。

3. 京引 92-3

引自日本。植株生长较繁茂，分枝多。结荚部位较低，始花着生在第 4~5 节。花白色。嫩荚青绿色，肉厚，品质较好。春、秋季均可栽培，春季栽培时，从播种至初收到约 80d。该品种早熟，抗病，耐寒力较强。

4. 夏浜豌豆

引自日本。株高 70~90cm。花红色。荚中等大小，纤维少，品质好。耐热性较强，在夏季高温条件下坐荚良好。该品种适应性强，除春季栽培外，还可在秋季保护地栽培，7—8 月播种，11—12 月采收。

（三）矮生种

1. 食荚大菜豌 1 号

由四川省农业科学院作物研究所选育。矮生，不需搭架，株高 60~70cm，株形紧凑，节间密，花白色，双荚率高，每株可结嫩荚 10~12 个，多的可达 20 多个，荚长 12~14cm，荚宽 2.5~3.0cm。荚绿色。中早熟，从播种到始收 75d 左右，在华北地区栽培生育期 80~90d，每亩产量 750~1 000 kg，种子白色，扁圆形，百粒重 31g。该品种由于适应性强，荚粒兼用，适合消费者口味，所以推广面积较大。

2. 矮生大荚荷兰豆

抗病性较强。株高 60～75cm，生长势中等，茎叶较大，始花节位较低，花白色，荚宽大扁平，一般荚长 10～12cm，宽2.5～3cm，纤维少，质软。从播种至嫩荚采收约 80d。每亩产鲜荚750kg。

3. 京引 91-1

从日本引进，株高 70～80cm，分枝 2～3 个，初花节位在第5～9 节。花白色。嫩荚圆柱形，种子排列紧密，粒大肉厚，质爽脆，味甜，可生吃，品质上等。春播时，从播种至初收约80d，可延续采收 20d 左右。该品种对白粉病抗性强，耐寒、耐湿。

4. 京引 92-2

引自日本。株高 70～80cm，分枝 1～2 个，初花节位在第 5～6 节。嫩荚深绿色，圆柱形，肉厚味甜。干种子绿色。从播种至初收约 70d，春播时可延续采收 20d；秋播时如果管理好，可延续采收 60d。

四、荷兰豆栽培季节与无公害生产技术

荷兰豆适宜在较凉爽的季节或环境条件下栽培，主要栽培季节以春、秋季栽培为主，比较冷凉的地区也可以春夏播种，夏秋季收获。南方除夏季不栽培外，四季均可排开栽培。随着节能日光室的发展和遮阳网栽培技术的普及，我国一年四季均可满足荷兰豆的生产条件。

（一）栽培季节

1. 春播夏收

我国南方和北方地区均可实行春播夏收栽培。在北方春播栽培时，要在不受霜冻的前提下昼争取及早播种，因为早播可以有更长的适宜生长季节进行充足的营养生长及分枝，增加生物量，结荚多而肥大，达到增产增收和优质的生产目的。北方春播栽培在土壤解冻后即可进行播种，这时土壤墒情好，有利发芽，一般露地在 3 月中旬播种。但近几年，倒春寒天气频繁，可适当推迟几天播种。塑料大棚可提早播种 10~15d，日光温室栽培主要从经济效益出发，确定栽培季节。

2. 夏秋播种冬季收获

少数地方实行，需在苗期加强管理。

3. 秋播冬春收获

在我国南方各省大都秋播春收，长江以南地区实行秋播的，播期因地区不同而不同，应根据本地气候条件适时播种栽培。播种过早，前期茎叶生长过于茂盛，冬季易受冻害，播种过迟，根系尚未充分生长发育，严寒到来时，植株生长不良，大大降低产量。

长江流域及以南地区，可在秋、冬、春三季栽培：①越冬栽培。于 10 月下旬至 11 月上旬排开播种，越冬后，于次年 4 月下旬至 6 月上旬陆续采收上市。②春季栽培。于 2 月中下旬播种，5 月中旬至 6 月中旬采收上市。③秋冬栽培。8 月中下旬播种，10 月下旬至次年 3 月采收。在高山较冷凉地区，也可于春、夏两季栽培，于 3—4 月中旬播种，5 月下旬至 7 月采收。

（二）栽培模式

1. 单作

荷兰豆忌连作，故单作时一定要合理轮作倒茬，连作条件下，豌豆根系分泌一种有毒物质，对后茬豌豆有毒害，另外，连作可使豆科作物分泌的有机酸不断累积，从而抑制根瘤发育，而且连作导致病虫害加重。尤其对白花品种更应注重轮作。一般实行 4~5 年轮作制为宜。

2. 混作

荷兰豆可与小麦、大麦、油菜、蚕豆和大豆等作物混作。这种栽培模式目前在我国北方春播地区普遍采用。混作作物应选择与豌豆空间、时间和营养互补，且抗倒伏能力强的作物品种。混作中确定两种作物适合的播种比例，这样对两种作物都有利。两种作物的种植比例应根据土壤肥力、品种类型和地区气候条件而定。一般豆麦比为 2 : 8 为好。土壤肥力差时应适当增加豆的比重，豆麦比以 4 : 6 为宜。

3. 间套作

荷兰豆也适宜与一些高秆宽行作物如玉米、高粱和马铃薯等间套种植，常采用宽窄行种植，一般窄行行距 33cm，宽行行距 83cm，中间套种间作 2 行荷兰豆或甜脆豆，行跑 17cm 左右。这种栽培模式可免去蔓生种的搭架，直接利用高秆作物茎秆攀缘上架。荷兰豆还可与小麦、大豆套种。与小麦套种 80cm 种 4 行小麦，2 行豌豆，种植比例为 2 : 4。与大豆套种种植比例为 4 : 2，即 4 行豌豆，2 行大豆，豌豆行距 30cm，大豆行距 50cm 左右，晚熟品种可适当加大行距。

（三）栽培方式

1. 改良阳畦起垄覆膜栽培

在春秋季节在阳畦采用起垄覆膜栽培方式。长江流域，春季 2 月中下旬播种，5 月上中旬至 6 月中旬可收获。秋季 8 月中旬播种，10 月下旬至 12 月中下旬收获。

2. 春秋季大棚栽培

在塑料大棚起垄覆膜栽培，早春 2 月下旬播种，5 月上旬至 6 月中旬收获。秋季 8 月上旬播种，10 月上中旬至 11 月上旬收获。

3. 春季露地栽培

3 月下旬播种，5 月下旬至 6 月中旬收获。

4. 冬季日光温室起垄覆膜栽培

夏季冷凉地起垄覆膜栽培。选择夏季气候凉爽的高山、半高山栽培，一般 4 月下旬至 5 月上旬播种，7 月上旬至 9 月收获。

5. 节能日光温室栽培

四季均可排开栽培，但夏季需扣遮阳网栽培。

（四）露地荷兰豆无公害生产技术

1. 合理轮作倒茬

因荷兰豆根部的分泌物会影响根瘤菌的活动和根系生长，引起生长发育不良，所以不要与豆科作物连作，以进行 3～4 年的轮作为宜。尤其白花品种比紫花品种更忌连作，轮作年限应再长些。荷兰豆还可与蔬菜或粮食作物进行间套栽培。我国南方各省大多将荷兰豆作为水稻、甘薯、玉米的前后作，或者与小麦混种。在北方它适于在畦埂种植或与茄果类及瓜类间作，特别适宜与玉米等高秆作物间作套种。

2. 整地施肥

荷兰豆的主根发育早，生长迅速。通常，在播种后 6～7d，幼苗出土之前，主根即可伸长 6～8cm；幼苗出土时，就可长出 10 多条侧根。在整个幼苗期，根系的生长速度也明显快于地上部分。但是，荷兰豆的根系与其他豆类作物相比，还是较弱小的。因此，为了促进根系的发育，必须创造一个良好的土壤环境。要做到精细整地，早施基肥，以保证苗全苗壮。在北方春播时因播期较早，应在头年秋天整地施肥。前茬作物收获后，每亩施用有机肥 3 000~ 5 000 kg，过磷酸 50~100kg，硝酸铵 10~15kg，氯化钾 15~20kg，将化肥与有机肥混合普施，深耕整平做畦。畦田规格可按荷兰豆的类型确定，矮生种荷兰豆，畦宽可为100cm 或 150cm；蔓生种畦宽可为 160~200cm。夏季播种的宜做成高畦，防止在雨季畦面积水。播种前应灌足底水。

3. 播种育苗

（1）种子处理　播种前应精选大粒饱满无病虫斑的种子，这是保证苗全、苗壮和丰产的主要环节。可用盐水筛选法精选种子，具体方法是：把种子倒入 40% 的盐水中搅拌，捞出漂浮在上面的不充实种子，沉下的好种入选。播前可用二硫化碳熏蒸种子 10min，以防病虫害，或用 50℃ 的温水浸种 10min。有条件的地方，可采用干燥器空气温热处理种子，处理温度为 30~35℃。通过温热处理能使种子完成后熟过程，打破休眠期，这样出苗整齐，幼苗健壮，花芽分化早，产量也比较高。接种根瘤菌有利于增产。播种前用根瘤菌拌种，方法：在采收荷兰豆之前，选无病、根瘤多植株，洗净后放置在 30℃ 以下的温室中风干，将根系剪下捣碎，装袋存放在干燥处，播种前将根瘤用水浸湿，取 25~30g，可拌种 10kg。或用 0.01%~0.03% 的铜酸铵，或用 0.15%~1% 的硫酸铜浸种，可促进根瘤菌的生长发育，增加根瘤的数目，提早成熟，增加前期产量。由于豌豆在低温长日照条件下能迅速生长发育，开花结荚，所以也可对种子进行低温长日照处理，豌豆一般经 5℃ 左右的较低温度处理，便可有效促进发育。低温处理前需浸种催芽。方法：在播种前先把种子浸入水中，使种子充分吸水湿润，每隔 9h 用井水温度的水浸 1 次，约经 20h，催芽 10d，芽长 5cm 时取出播种。

（2）直播　荷兰豆主要采用园田直播。播种期主要根据不同栽培季节来确定。播种量是，矮生种每亩用种 8~10kg，蔓生种每亩用种 5~8kg，同时要按种子千粒重的大小酌情增减。播种方法：矮生种，畦宽 100cm 的，每畦可种 2 行，畦宽 150cm 的，每畦种 3 行，按行距 40~45cm 开沟条播。蔓生种，畦面较宽，每畦播双行，开沟后按株距 10cm 穴播，每穴播 2~3 粒种子。播种后覆土 3~4cm。

（3）育苗　荷兰豆也可以育苗移栽，苗龄 25~30d，苗高 12~15cm，具 4~5 片复叶时即可定植。育苗移栽可提早采收，增加产量，在人力较充裕时可以采用。

4. 田间管理

（1）中耕除草　幼苗出齐后，应及早中耕、松土，以提高地温和保持土壤水分，有利于土壤微生物的活动，促进幼苗生长，并可控制杂草滋生。一般结合灌水中耕 1~2 次。南方秋播中耕时需培土，有利于幼苗越冬。固定苗株，以防倒伏及露根，一般在株高 5~7cm 时进行第 1 次中耕，株高 10~15cm 时进行第 2 次中耕，结合进行培土。第 3 次中耕要根据荷兰豆生长情况，灵活掌握。后期茎叶繁茂，中耕易损伤植株，对垄畦草可人工轻轻拔除。

（2）追肥　荷兰豆除施基肥外，还要进行适当的追肥，苗期适当追施氮肥，促进生根和茎叶生长，生长后期应以磷肥和钾肥为主，特别是磷肥。因为荷兰豆对不易溶解的磷肥有较高的利用率。磷肥可以促进荷兰豆籽粒成熟，还可以改善其软化品质，施用后增产、改善品质效果显著。一般第 1 次追肥在苗高 5~10cm 时进行。吐丝期结合灌水每亩施尿素 10~20kg，也可用人粪尿追肥。开花结荚期可结合浇水追施适当氮肥和磷肥，增加结荚数，也可用浓度为 500~1 000 倍液的磷酸二氢钾叶面喷施，对改善籽粒品质和增产都有效果。另外，豌豆在开花结荚期根外喷施磷肥及硼、锰、钼、锌等微量元素肥料，增产效果十分显著。

（3）灌溉与排水　荷兰豆耐旱性差，整个生育期需要较适宜的空气湿度和土壤湿度。在生长期间应注意水分的管理。播前浇足底水。播种后如遇干旱，需及时浇水，以利幼苗出土。苗期一般较耐旱，需水量比较少，可适当浇1次水，每次浇水后及时中耕松土。进入开花结荚期，需水量增加，不可缺水，可根据土壤墒情3~4d浇1次水。浇水应结合追肥进行。对灌溉的次数没有严格规定，土壤干旱就要随时浇水，特别是进入花荚期之后，要保证鼓粒灌浆对水分的需要。一般干旱时于开花前浇1次水，结荚期浇水2~3次。荷兰豆也不耐涝，如遇大雨要及时排除田间积水，以免烂根。

（五）日光温室荷兰豆无公害生产技术

1. 冬茬、早春茬栽培

（1）育苗　荷兰豆温室栽培可选用较耐低温、抗病、产量高、豆荚品质好、外形美观的品种，如台中11号、食荚大菜豌、法国大荚等。通常采用育苗移栽，而培育适龄壮苗是食荚豌豆获得优质高产的重要环节之一。适龄壮苗应具有4~6片真叶，茎粗节短，达到这样的苗龄在高温下（20~28℃）需20~25d，适温下（16~23℃）需25~30d，低温下（10~17℃）需30~40d。各茬次的育苗时期可根据定植期、温室的温度状况来具体确定。一般早春茬栽培是在秋冬茬茄果类、瓜类或其他蔬菜拉秧后栽培，拉秧期在1月中下旬至2月上旬，故早春茬荷兰豆的播种期为12月中旬至翌年1月上旬左右，冬茬栽培荷兰豆主要以供应春节前后为生产目的，播种期应比早春茬早，比秋冬茬晚，一般在10月上中旬播种育苗或直接栽培，11月上中旬定植。

按大棚早春茬的育苗床土要求配制营养土。采用营养钵、纸袋或营养土方等护根育苗方式。播前浇足底水，干籽播种，每穴点 2~4 粒种子。播后温度掌握在 10~18℃，以利快出苗和出齐苗。温度低发芽慢，温度过高（25~30℃）发芽虽快，但难保全苗。子叶期温度 8~12℃ 为宜。定植前应使秧苗经受 2℃ 左右的低温，以利其完成春化阶段发育。

（2）整地做畦　每亩铺施优质农家肥 5 000kg，过磷酸钙40~50kg，草木灰 50~60kg，深翻 20~25cm 与土充分混匀。把细整平后做畦。单行密植时，畦宽 1m，栽 1 行；双行密植时，畦宽 1.5m，栽 2 行；隔畦与耐寒叶菜间套作时，畦宽 1m，栽 2 行。

（3）定植　定植时畦内开沟，沟深 12~14cm，单行密植穴距 15~18cm，每亩栽 3 000~3 600 穴。双行密植穴距 21~24cm，每亩栽 4 500~5 000 穴。隔畦间作时穴距 15~18cm，每亩栽 6 000~7 000 穴。坐水栽苗，覆土后把平畦面。

（4）田间管理

①温度管理。定植后到现蕾开花前，温室白天超过 25℃ 放风，不宜超过 30℃，夜间不低于 10℃。整个结荚期以白天15~18℃，夜间 12~16℃ 为宜。

②水肥管理。浇定植水后，一般不再浇缓苗水。现花蕾后随水冲 1 次粪稀或化肥，每亩用复合肥 15~20kg。随后锄松地表进行 1 次浅中耕，以控秧促荚。第 1 花结成小荚至第 2 花刚谢标志着进入结荚开花盛期，此时需肥水量较大，一般每 10~15d 喷 1 次肥水，每亩每次用氮磷钾复合把 15~20kg，或尿素 10~15kg，过磷酸钙 20~25kg，并每亩追施草木灰 50kg 补充钾素。此期缺肥少水会引起大量落花、落荚。

③支架。荷兰豆茎蔓柔软中空，很易折断，同时其茎蔓既不像菜豆、豇豆能自己缠绕，也不像黄瓜茎蔓易人工绑扎，因而当植株生长到卷须出现时，需用竹竿与绳结合的方法来支架。方法是每米插一竹竿，竹竿上下每 0.5m 左右缠绕一直绳，使豆秧互

相攀缘，再用绳束腰固定。

（5）采收　多数品种开花后 8~10d 豆荚停止生长，种子开始发育，此为嫩荚收获适期。有时为稍增加一些产量，等种子发育到一定程度再采收，但采收过晚豆荚品质变劣。

2. 秋冬茬栽培

秋、冬两季温室栽培荷兰豆，既可育苗移栽，也可以直接播种。由于大多数地区秋苗有一段时间是在露地生长，苗期又正值高温、高湿、多雨的季节，所以在栽培技术上主要应注意掌握两个环节。

（1）播种深度　为防止暴雨冲刷和出现干旱，穴播后宜大量覆土，覆土厚度可达 9cm 左右，受暴雨拍击或临近出苗前，可铲去 3~4cm 的土层，以保证全苗。

（2）扣膜时间　荷兰豆苗期要在 2~5℃条件下，经过一段时间的低温，才能完成春化阶段发育，这是开花结荚的前提条件，另外，荷兰豆也比较耐低温，因此扣膜时间不宜过早。一般在气温降至 3~4℃时扣膜比较适宜。扣膜初期，室内温度明显升高，每天要较长时间大放风，使秧苗逐渐适应温室内的条件。秋、冬两季日光温室栽培荷兰豆的肥、水管理，温度控制及支架、采收等与冬季和早春栽培基本相同，可根据具体情况灵活掌握。

五、豌豆主要病虫害无公害防治技术

1. 豌豆白粉病

（1）发病症状　白粉病为真菌性病害。病原菌为害叶、茎蔓和荚果。感病初期，叶片出现淡黄色小点，其后在发病部位产生白色粉末状物，扩大后呈不规则形粉斑，并迅速蔓延至全叶，似覆盖一层面粉，故称白粉病。发病后期，病部散生黑色小粒点。受害的叶片很快枯黄，叶片脱落。茎荚受害时亦出现白色粉斑，严重时茎部枯黄，豆荚干缩。

（2）发生特点　病原菌以菌丝体附生在寄主表面，以吸器伸入表皮细胞内吸取养分。分生孢子椭圆形，无色，单孢串生在梗上。以闭囊壳随病残体在土表越冬，环境适宜时散发囊孢子，为初染源。在温暖无霜地区或棚室内，分生孢子和菌丝体可终生存活。分生孢子在田间通过气流传播，造成再侵染。分生孢子萌发的温度为 10～30℃，最适温度为 22～24℃，最适相对湿度98%，在昼夜温差大和多雾、气候潮湿的条件下，有利于该病的发生。干旱但早晨露水大时也会发病。

（3）防治方法　注意清除田间病残株；加强栽培管理，保证植株健壮生长，提高抗病能力；在低洼田块，应进行高畦深沟整地，做好排渍降湿，及时插架引蔓，防止植株倒伏。如发生侵染，应抓紧发病初期用药防治。可在初花期或病害始发期，叶面喷施50%苯菌灵可湿性粉剂 1 500 倍液，50%多硫悬浮剂 600 倍液，15%三唑酮可湿性粉剂 1 500 倍液，每隔 10～15d 喷雾 1 次，连续喷 3 次，并注意药剂的交替使用。也可叶面喷洒石硫合剂、粉锈宁、代森铵等药剂进行防治。

2. 豌豆细菌性叶斑病

（1）发病症状　本病为害豌豆的叶片、茎和荚。叶片发病，产生水渍状、圆形至多角形紫色斑，半透明。湿度大时，叶背现白至奶油色菌脓，干燥条件下产生发亮薄膜，叶斑干枯，变成纸质状。茎部染病，初生褐色条斑。花梗染病，可从花梗蔓延到花器上，致花萎蔫，幼荚干缩腐败。荚染病，病斑近圆形稍凹陷，初为暗绿色，后变为黄褐色，有菌脓，直径 3～5mm。

（2）发生特点　此病由丁香假单胞菌豌豆致病变种侵染所致。病原细菌在豌豆、蚕豆种子里越冬，成为翌年主要初侵染源。植株徒长、雨后排水不及时、施肥过多易发病，生产上遇有低温障碍，尤其是受冻害后突然发病，迅速扩展。反季节栽培时易发病。

（3）防治方法　①建立无病留种田，从无病株上采种。②种子消毒。用种子重量 0.3% 的 50% 甲基硫菌灵可湿性粉剂拌种。也可进行温汤浸种，先把种子放入冷水中预浸 4~5h，移入50℃ 温水中浸 5min，后移入凉水中冷却，晾干后播种。③避免在低湿地种植豌豆，采用高畦或起垄栽培，注意通风透光，雨后及时排水，防止湿气滞留。④药剂防治。发病初期喷洒 72% 农用硫酸链霉素 4 000 倍液、30% 绿得保悬浮剂 500 倍液、12% 绿乳铜乳油 600 倍液、30% 氧氯化铜悬浮剂 800 倍液、47% 加瑞农可湿性粉剂 800 倍液。

3. 豌豆褐斑病

（1）发病症状　主要为害叶、茎蔓和豆荚。在叶片上病斑圆形，淡褐色至黑褐色，边缘明显。茎上病斑椭圆形或纺锤形，凹陷。豆荚上病斑圆形，深褐色至黑褐色。各部位的病斑上均产生黑色小粒点（分生孢子器）。

（2）发生特点　病原菌主要以菌丝体和分生孢子在种子、土表和病残体上越冬，通过雨水和借风雨传播。植株发病后，病部可再形成分生孢子器和分生孢子，造成再次侵染。病原菌发育的温度界限为 8~33℃，适宜温度为 15~26℃，高温、高湿有利于该病的发生和蔓延。

（3）防治方法　选用抗病品种；实行合理轮作倒茬；精选无病种子；加强田间管理；药剂防治可在发病初期用 50% 苯菌灵可湿性粉剂 1 500 倍液，75% 百菌清可湿性粉剂 500~700 倍液，也可用 50% 甲基托布津可湿性粉剂 800 倍液或 50% 多菌灵1 000 倍液及时喷雾防治。每隔 7~10d 喷雾 1 次，连续防治 2~3 次。

4. 豌豆黑斑病

（1）发病症状　豌豆黑斑病为真菌性病害。病原菌为害叶、茎蔓及荚果。茎感病多发生在基部，发病部位紫褐色或黑褐色，向四周扩展环绕茎部，常使叶片黄化，发病严重时造成整株死亡。受害的叶片初生黑褐色斑点，扩大后呈圆形病斑，周缘淡褐色，中央黑褐色或黑色，病斑上有 2~3 个不规则轮纹。荚果受害后黑褐色或褐色，圆形病斑上常有分泌物溢出，干后变粗糙呈疮痂状。

（2）发生特点　病原菌主要以菌丝体在种子上越冬，也可以子囊果或分生孢子器随病株残体在土表越冬，当环境适宜时，子囊果形成子囊孢子，分生孢子器形成分生孢子，借风雨传播，再次侵染。荷兰豆播种过早，土壤湿度过大，施氮肥过量使植株发生徒长，或遇低温冷害侵袭等条件下易发病。

（3）防治方法　选用无病种子进行处理；合理轮作；采用栽培措施防治。选择排水良好的地块种植，采用高垄栽培，增施钾肥，提高植株抗病性；药剂防治可用 50%混杀硫悬浮剂 500 倍液叶面喷施防治，也可用 50%甲基托布津可湿性粉剂 800 倍液，或 75%百菌清可湿性粉剂 500~700 倍液等及时喷雾防治。重点喷雾部位为茎部及其周围土壤。此外平时要搞好环境卫生，清除病残杂叶和底部老叶，改善田间通风透光条件。

5. 豌豆锈病

（1）发病症状　发病初期叶片和茎上出现小黄白点，后变黄褐色，有晕圈，扩大后表皮裂开散出红锈褐色粉末，严重时叶片枯死。主要为害叶，植株其他部位也可发病。

（2）发生特点　在遭受低温冷害侵袭，土壤温度过大，施氮肥过量使植株发生徒长等条件下易发生该病。

（3）防治方法　发病初期可用 25%粉锈灵可湿性粉剂 1 500

倍液或50%萎锈灵乳油800～1 000倍液，15%三唑酮可湿性粉剂1 000～1 500倍液等及时喷雾防治，隔7～12d喷雾1次，连续喷2～3次。

6. 豆荚螟

（1）为害特点　豆荚螟在长江中、下游地区一年发生4～6代，均以老熟幼虫在大豆本田及晒场周围土中越冬。成虫昼伏夜出，飞翔力弱。每头雌蛾可产卵80～90粒，卵主要产在豆荚上，2～3龄幼虫有转荚为害习性，幼虫老熟后离荚入土，结茧化蛹。

（2）防治方法　消灭越冬虫源，及时翻耕整地，可大量杀死越冬幼虫和蛹。有条件地区采用冬、春灌水，也可杀死越冬幼虫。在成虫产卵盛期释放赤眼蜂灭卵，可控制豆荚螟为害。药剂防治上可用90%的敌百虫800倍液，在成虫盛发期和卵盛孵期喷药1～2次，防治效果很好。

第六章　扁　豆

一、生产概况

扁豆，别名眉豆、娥眉豆、鹊豆、沿篱豆，学名（Dolichos lablab L.）为豆科菜豆族扁豆属植物中的一个栽培种，多年生或一年生缠绕藤本植物。扁豆主要以嫩荚供食。每 100g 嫩豆荚含水量 89~90g，蛋白质 2.8~3g，碳水化合物 5~6g。豆荚炒食、煮食有特殊的香味，也可腌制、酱制做泡菜或干制。成熟豆粒可煮食、做豆沙或豆泥。原产亚洲。主要分布在印度及热带国家，我国以南方栽培较多，华北次之，在自然情况下高寒地区栽培，虽能开花但不结荚。扁豆是一种含蛋白质和胡萝卜素较高的蔬菜，病虫害较少，易栽培，对调剂夏、秋淡季蔬菜供应有一定的作用。

由于以前的扁豆品种是无限生长型，结荚迟、产量低，一般只在房前屋后或沿篱、沿墙种上几株，多为春播秋收，所以无法实行大面积规范化种植。近年来，随着广大农业科研人员和农技推广工作者的努力，适宜各地各种栽培类型的品种不断推出，打破了传统的栽培方式，连续采收达 6 个月，扁豆种植从一家一户的零星隙地种植逐步走向规模化生产，基本上实现了周年有扁豆上市，效益成倍提高。有些地区已成为农民无公害蔬菜生产的重要品种之一。

　　由于扁豆新品种的不断推出和人们对扁豆药、食兼用认识的不断提高，鲜扁豆市场需求量不断加大，并且扁豆容易加工，为规模化种植提供了更广阔的市场前景。

　　（1）全国各地都有食用扁豆的习惯，特早熟扁豆比一般扁豆提早 100d 左右上市，并且连续采收达 6 个月，使鲜用扁豆市场扩大，效益可观。

　　（2）当市场的鲜扁豆价格不理想的时候，可以不出售鲜扁豆。加工后的干扁豆、泡菜扁豆、腌制扁豆都受市场欢迎。很多宾馆的早餐就有酸扁豆供应，其口味比酸豇豆更脆，更受欢迎。用干扁豆炒肉或加入火锅，口感香脆、风味独特。加工后的扁豆如果量小，就近市场即可销售；如果量大，经过精美包装更利于进入超市、商店、宾馆、饭店。

二、特征特性

（一）植物学特征

　　根系发达，侧根多，吸收水分、养分能力强，与豇豆族根瘤菌共生形成球形根瘤。茎蔓生，有短蔓和长蔓两种。短蔓长 60～150cm，多分枝，直立丛生。长蔓型 2～10m 茎缠绕。子叶出土，第一对其叶对生，单叶，以后均为三出复叶互生。卵状长椭圆形或长椭圆状短条形，先端有弯曲的喙，荚色有绿白、淡率、青绿、深紫、紫边等色。每荚含种子 3～7 粒。种子略扁，椭圆形，光滑，一侧边缘有半月形白色隆起的种阜，似白眉。种皮有白、黑和褐色。种脐白色。百粒重 30～50g，种子贮藏寿命 2～4 年。

（二）对环境的要求

扁豆喜温暖，较耐热，可在炎夏生长，能耐35℃左右高温。生长发育适温为23~25℃，13℃以下停止生长，遇霜冻则枯死。开花结荚最适温度25~28℃，在35~40℃高温下，花粉发芽力下降，容易引起落花落荚。种子发芽适温22~23℃。在温暖多湿条件下生育良好，枝叶繁茂。开花期以后稍干燥条件下结荚率高。扁豆为短日性植物，短日照促进开花结荚。有些品种对光周期不敏感，故我国南北各地均能种植。扁豆较耐阴，根系发达，入土深，耐旱力强。对土壤适应性广，几乎在任何土壤条件下均能生长，但以保水保肥的腐殖质壤土最适宜，排水不良或重黏土地生长发育较差。扁豆忌连作，宜行2~3年的轮作。pH值为5.0~7.0。

三、优良品种介绍

扁豆按茎的特征可分为蔓生和矮生两类，我国普遍栽培的多数为蔓生种，矮生种早熟，但目前生产适用的优良品种较少。按荚的颜色分为白扁豆、青扁豆、和紫扁豆3类。按花的颜色可分为红花扁豆与白花扁豆。

（一）红面豆

广东省地方品种，已栽培70余年。植株蔓生，分枝性强。茎紫红色，小叶深绿色，叶脉及叶柄紫红色。花及花枝均为紫红色。每花序有11~15个花，结3~5个荚。荚紫红色，长9cm，宽2cm，稍弯曲。种子扁圆，黑褐色。晚熟。结荚期长，3~4个月播种，9月至翌年4月收获。

（二）猪血扁

我国南方地方品种，在上海、武汉、合肥栽培多年。植株蔓生，分枝性强。叶绿色，茎、叶脉、叶柄均为紫红色。花紫红色。荚短刀形，紫红色，长8~9cm，宽2~2.5cm。每荚种子4~5粒。品质佳，质地脆嫩、味香。晚熟。抗逆性强。

（三）红花一号扁豆

极早熟，耐寒性强、抗热、抗病。植株生长势强，株高3m，主茎分枝少，生长习性与豇豆相似，为直立缠绕性，宜密栽培。始花节位2~3节、花紫红色，荚近半月形，平均单荚长9cm，宽3cm，重8g。丰产性好，保护地栽培可于4月上市，有两次盛果期，可采收至11月霜降止，亩产2 000~3 000kg，栽培效益远远高于普通扁豆品种，适合春季保护地、霜地栽培。适应性广。长江流域早熟栽培适播期为2—4月，可育苗移栽，也可干籽直播。覆盖地膜，每畦定植（或直播）2行，株距30~40cm，亩植3 000穴左右，每穴2~3株。亩用种量2kg。当主蔓长至50cm时摘心，促发下部花序，花蕾成形后，每花序留10个大蕾掐尖，以利早熟大荚高产高价。

（四）德扁二号（红花二号）

极早熟肉扁豆，肉质厚，品质好，耐寒性强，抗热、抗病。植株生长势强。株高2~2.5m，主茎分枝少，生长与豇豆相似，为直立缠绕性，始花节位2~3节，花白色，荚近半月形，鲜荚白绿色，坐果率高，平均单荚长8.5cm，宽3cm，重13g，丰产性好，保护期栽培可于4月上市，有两次盛果期，可采收至11月霜降止，亩产2 500~3 500 kg，栽培效益远远高于普通扁豆品种。适合春季保护地，露地栽培。栽培要点：按1.4m宽包沟划畦，覆盖地膜，每畦定植（或直播）2 行，株距 60cm，亩植 2 000 穴左右，每穴 2 株。亩用种量 2kg。前期母蔓 1.5m 打顶尖，分枝留 2 个节整枝。以利通风透光，提高中后期产量。当主蔓长至 50cm 时摘心，促发下部花序，花蕾成形后，每花序留 10 个大蕾掐尖，以利早熟大荚高产高价。

四、栽培季节与无公害生产技术

扁豆的栽培季节要根据气温情况和设施条件来确定。主要有以下几种栽培方式。

1. 早春大棚栽培

此方式是目前设施栽培中上市最早、效益最好的一种形式。采用双拱棚育苗（大棚内扣小拱棚），棚内温度达 15℃时即可育苗。催芽后播种。

2. 日光温室越冬栽培

此方式效益较高，但是对温室保温条件要求严格，栽培技术难度高。

3. 春季地膜覆盖早熟栽培

此方式比较普遍，采用棚内育苗，当棚外气温上升到 15℃以上时，移栽到覆盖地膜的大田里。

4. 春季露地栽培

此方式必须在室外温度稳定在到 15℃以上时采用。把干种子直播于苗床或营养钵，不需要催芽。

5. 夏季露地栽培

长江流域 5—7 月播种，华北地区多在 6 月底之前育苗，采收期至霜降；夏季栽培的密度可加大 1 倍。

6. 爬墙、爬树或爬地栽培

农村房前屋后空闲地栽培，也可以栽于阳台上，一般 4~7 月直播。这种方式栽培可整枝，也可不整枝。

（一）春夏露地扁豆无公害生产技术

1. 种植方式

多行晚春直播，或育苗移栽。不需要催芽。夏秋至早霜前陆续采收嫩荚。单作或与玉米间作，以玉米秸秆作支架，或与大蒜套作，也可种于田边地头。

2. 整地、施肥和作畦

田间种植，宜用平畦栽培，畦宽 1.2m。扁豆对磷要求高，增施磷肥效果显著；氮肥在结荚以后追施效果好。因此，施用有机肥做基肥时，可同时将全部磷肥和 40% 的钾肥作基肥施入。一般播前每亩施农家肥 5 000 kg，过磷酸钙 30kg，钾肥 20kg，然后翻地、整平作平畦起垄。

3. 定植和田间管理

育苗移栽地温达 12℃ 以上时可露地定植一畦栽 2 行，穴距 45~50cm。缓苗后每穴留壮苗 2 株，直播采取开沟或穴播，播深 5~7cm，播后宜以草木灰覆盖。夏季栽培密度可加大一倍。

（1）水肥的管理　苗期需水较少，蔓伸长后及结荚期需水较多。一般在蔓伸长期浇 1~2 水，花荚期在无雨情况下 10d 左右浇水。浇水后中耕除草，结合追肥，防止落花落荚和徒长。中耕宜浅，防止伤根，结荚前可施腐熟鸡粪等有机质肥料。结荚后追施少量化肥。

（2）搭架引蔓、整枝　抽蔓前要搭架，或抽蔓后及时用绳引蔓上树、上房。主蔓 5~6 片复叶时摘心，促使多发侧蔓，待侧蔓3~4片叶时再摘心，可提早开花结荚，但产量较低。一般若用篱架或人字架栽培，在茎蔓长到架顶时摘心，可促荚早熟。

（3）防治病虫害　扁豆的病害较少，虫害主要有蚜虫和红蜘蛛，可用低毒性药剂喷洒，及早防治。

4. 采收

扁豆生育期长，出苗后60~65d开花结荚，即可陆续采收嫩荚。可延续采收90~120d。一般每公顷产嫩荚15 000~18 750 kg。

（二）春露地极早熟扁豆无公害生产技术

1. 选择适宜品种

目前适于早熟栽培的品种主要有红花1号、白花2号、边红3号等。

2. 播种育苗

请参照当地早春豇豆（豆角）或四季豆的时间播种。如山东地区一般在3月中下旬，采用中、小棚育苗，谷雨前后移栽，地膜覆盖露地栽培，6月始收，10月下旬结束，设施条件好的地方可根据当地气温情况，播种提前或延后。

（1）催芽方法　扁豆种子不宜浸泡后催芽。但可以用清水湿润后，拌种子重量0.3%的多菌灵粉剂杀菌消毒。用矮边容器（塑料盆、木盆等），在盆内先平铺5~8cm的湿润河沙，然后把拌了药剂的种子平铺在河沙上，再盖一层2cm的湿润河沙，上面盖一层毛巾或棉布（起保湿作用），最后在盆口上盖一层薄膜，把盆放至温暖处（恒温箱、催芽室、火坑等），保持25℃左右催芽；每天检查1次，干燥时在毛巾上洒一些水，时常保持河沙湿润状态，3~7d即可出芽。大面积种植也可以直播，每穴2~3粒，定苗时保留1株。

（2）配好营养土 除直播大田不需育苗外，其他方式最好采用苗床育苗或营养钵育苗，这就需要配好营养土。营养土的配制方法视当地条件而定，但有一个原则是选择2~3年没有种过同类作物的土壤来配制营养土，以求减少病虫源。配制的营养土要求肥力好、土质疏松、通气性好。以土壤六成，腐熟的农家肥四成，加少量磷肥，如果土壤黏重，则掺入部分炉灰、草木灰。然后按每立方米营养土加入250g左右的杀菌剂，如多菌灵、敌克松等，同时还要加入适量的杀虫剂（如敌百虫粉剂）与营养土反复拌匀，用膜盖5~7d，让杀菌剂和杀虫剂充分杀死土壤中的病菌和虫卵。

农家肥如粪肥、饼肥等必须充分发酵腐熟，否则会出现烧苗和坏根现象。在有机肥量充足的情况下，配制营养土最好不用化肥。盖种必须用盖种土，不能用猪粪或细沙，因其不保湿，可预先把杀菌后的营养土过筛一部分（筛孔小于手指）备用盖种土。

（3）苗床管理 播种前应备好苗床，苗床必须高垄向阳，播种时保持苗床土或营养钵土湿润，湿润的标准：抓一把土壤，捏得拢，随手丢在地上又散得开为度。切记避免苗床湿度过大，否则会造成烂种。播种后，早春栽培应盖好膜，根据当地气候情况采用双拱棚或单拱棚。出苗前，一般不揭膜。如遇阴雨天时间长，应开棚通风，降低苗床湿度；如苗床土壤干白，应适当洒水。出苗后，晴天中午把棚的两头揭开，晚上和阴雨天把膜盖好。随着气温升高，应逐渐加长开棚时间。苗龄20d左右有2~3片真叶时即可移栽。栽大苗会明显影响产量。宜栽小苗，不宜栽大苗。

3. 移栽

移栽前要施足基肥，种植扁豆的田块，直播或移栽前，要认真清理前季作物残留物，并深翻土壤，翻耕后晒土2~3d。施底肥时，以农家肥为主，每亩加施复合肥50~100kg，撒施后耙平、整细土壤，尽可能使肥料落入底土层。然后整平土壤。覆盖地膜。打穴移栽，特早熟品种采用厢面 2m 包沟，双行单株栽培，株距 0.4～0.6m，亩栽 1 200～1 500 株；早熟品种亩栽 1 000～1 200 株；中熟品种采用厢面 2.5m 包沟，双行单株栽培，株距 1m 左右，亩栽 600 株左右。也有厢面 2m 包沟，单行双株栽培；还有厢面 4m 包沟，两边栽扁豆，搭平架棚，在扁豆的前期生长阶段中间种植短期作物，可充分利用土地。为了抢前期的高价，提早前期产量，栽培密度可适当大一些，每亩可种 1 500～2 500 株，但中期要间株一半，即扯掉一半。用种量每亩 500～800g。

4. 搭架、打顶、整枝

当扁豆苗长至 30cm 左右时，应及时搭"人"字架，引蔓上架，架高 2m 左右。在架半高处加横架材，牢固架子，防藤蔓爬满后倒架。

当主蔓长至 0.5m（1.5 尺）左右时，及时对主蔓打顶摘心，促发侧蔓和花絮枝；当侧蔓长至 0.5m 左右时，对侧蔓摘心，促发花絮和孙蔓；当孙蔓有 0.5m 左右时，对孙蔓摘心，促发更多花絮枝；同时剪除无花絮的细弱懒枝及老叶病叶，保持良好的通风透光。特别是生长势强、分枝力强的品种更应剪除多余的无花絮枝，防止疯长情况出现。如果出现了疯长，则结荚推迟，产量大幅度下降。肉扁 6 号、翠绿 7 号、边红 8 号爬满架后，会有较多的侧蔓、孙蔓产生，每隔几天用小竹竿或树枝打断嫩尖，会产生更多的花絮结荚。如果密度过高、肥水充足而出现了荫蔽，还应在 1.5m 左右高处剪断部分藤蔓；剪断多少，应根据具体情况决定，甚至可以拔除部分植株，减低密度，以达到通风透光为目的；荫蔽之处是不开花、不结荚的。

5. 肥水管理

由于扁豆结荚时间长，不断开花结荚，需要有足够的肥水才能保证其高产。开花前，一般追肥水 2~3 次，以腐熟人畜粪尿为好；当第一批扁豆荚能采收时，每亩追尿素 10~15kg；之后，每采收 1~2 次扁豆，追肥水 1 次。对生长势强、分枝力强的品种要看苗施肥，如长势旺，可少施或不施，反之，则适当追肥。在整个坐果期每隔 7~10d 喷 1 次复方金叶肥，起保花保荚、加速小荚快长的作用。

扁豆生长在春季和夏季雨水较多的季节里，要做到沟厢配套，达到水过沟干。扁豆苗期需水较少，开花结荚期需肥水较多。如遇干旱年份，要结合追肥浇水抗旱，或灌跑马水，厢面湿润后把水排出，防渍水沤根；遇到长时间雨天，要及时疏通厢沟，达到雨停沟干。

6. 及时采收

扁豆从开花到鲜荚上市需 15~18d，鲜荚籽粒没有明显鼓起时采收，推迟采收会降低品质，同时影响上层开花结荚的养分供应。采摘时，要一手捏住花絮枝，一手轻摘，尽量不要损坏花絮枝，因为花絮枝会重新开花结荚（开回头花）。当气温超过 37℃时，扁豆有谢花现象，开花少、不结荚；当气温回落后，花絮枝会重新开花结荚，新枝也会产生更多的花絮枝，直至霜降。

（三）大棚多层覆盖扁豆无公害生产技术

采用大棚多层覆盖扁豆栽培技术，使扁豆从常规露地栽培 9—11 月采收嫩荚上市，提前至 5 月上中旬采收上市，采收期提早近 4 个月，而早期扁豆嫩荚十分畅销，可显著提高扁豆的产出效益。

1. 培育壮苗

（1）选床施肥　选择地势高，排灌方便，保水保肥性能较好的非重茬田块作扁豆的育苗床地。在播前 15～20d 精心整地，并施足基肥。一般每 3.5m² 施优质腐熟的人畜粪 100～120kg、饼肥 1.2～1.5kg、磷肥（P_2O_5 12%）0.5kg，翻倒入土，达到无暗垡，土肥相融的要求。然后制成直径为 7cm 的营养钵，同时用竹片和聚乙烯无滴膜架好 4m 宽的中棚。

（2）苗床管理　选用苗期耐低温，生长速度快，结荚多而早，且嫩荚纤维少，质脆味美，抗逆性强的优良品种，如红筋扁豆、德扁二号等。在当年 12 月上旬选晴好天气播种育苗，播种后在中棚中架小拱棚覆盖，保持小拱棚内温度在 25℃ 左右。若超过此温，要注意通风调节棚温，防止高温烧苗，或形成高脚苗当室外温度降至 6℃ 以下时，在小拱棚上覆盖草帘保温，草帘日揭夜盖，防止低温形成老僵苗。在移栽前 15～20d 进行搬钵蹲苗，当主蔓长出 4～5 片真叶时，要适时打顶整枝，促进子蔓的生长，一般每株保留 3～4 个健壮子蔓。

2. 合理施肥

（1）肥料用量及运筹　多层覆盖栽培的扁豆生育期长，开花结荚期长，需肥量也大，对养分配比的要求也高，一般每亩施纯 N 20～25kg、P_2O_5 10～12kg、K_2O 18～20kg，有机肥与无机肥的比例为 45∶55；基肥与追肥比例为 60∶40，肥料运筹氮肥为一基三追分配比例为 6∶1∶1.5∶1.5；磷、钾肥为一基一追，分配比例为 6∶4。

（2）肥料施用及方法　根据扁豆的需肥特性，肥料施用原则为重基肥，轻追肥，多次补施钾肥，以满足其早生花序，早开花结荚的需要。基肥以有机肥为主，定植前每亩基施优质腐熟有机肥（鸡杂灰）1 000～1 200 kg，定植后追施苗肥，每亩施优质腐熟有机肥（人畜粪水）300~500kg、尿素 2~3kg；当扁豆第一批嫩荚采收后，每亩施硫酸系列复合肥30~40kg（N：P_2O_5：K_2O 为 1：0.6：0.9，养分总量为 40%）或用尿素 10~12kg、磷肥（$P_2O_5$12%）20~25kg、钾肥（K_2O 50%）8~10kg，复配施入，以后每批采收后根据苗情补施尿素3~5kg，以促其多生花序，多开回头花，提高单位面积产量，长势旺盛的可减少用量和补施次数。肥料施用方法基肥采用面施后耕耖整地的方法施入土壤，追肥在距根 15~20cm 处开行条施或穴施。同时在花荚期每亩叶面喷施含硼、钼等微量元素叶面肥 3~4 次，每次用量 100~120g，间隔时间为 7~10d，以提高扁豆的品质。

3. 田间管理

（1）适时定植 为争取扁豆早上市，要适时定植，定植密度按行距 1.6m，株距 0.5~0.8m 配置。在 2 月中旬定植的扁豆，采用 10m 宽的双层大棚，加小拱棚三层覆盖保温，若温度较低时，夜间在小拱棚上覆盖草帘保温在 3 月中旬移栽定植的扁豆，采用 4m 宽的中棚加小拱棚覆盖保温。扁豆定植后，小拱棚内温度保持在 20~30℃，但不能超过 35℃。

（2）整枝摘心 移栽定植后的扁豆子蔓长至 40~50cm 时，要及时搭"人"字架引蔓上架，其架高控制在 1.5m 左右。多层覆盖栽培的扁豆，因其播种早，生育期长，枝叶易徒长，应及时打顶摘心，以促进花序发育，早开花，早结荚，早上市，结荚盛期及时整枝是延长采收期的重要技术措施。方法是扁豆定植后，子蔓长至 100~120cm 时及时摘心，促使下部多生孙蔓侧芽，多开花多结荚。进入结荚盛期，剪去下部老枝老叶和荚少的侧枝，改善田间通风透光条件，特别是进入高温季节，更应坚持整枝摘心，以实现控制植株徒长，延长结荚时间，提高单位面积产量和产出效益。

（3）揭膜、调控水分 多层覆盖栽培的扁豆在春季要及时分次揭膜撤棚，长江中下游平原地区在 3 月下旬至 4 月上旬气温回升时揭小棚；山东等地应适当晚揭半个月左右，以防止倒春寒的危害。5 月上中旬第一批扁豆采收时揭中棚或双层大棚膜。由于水分对扁豆生长发育的影响较大，苗期水分供应不足其生长缓慢，早苗达不到早发的要求；开花结荚期若水分供应不足，影响其开花结荚，从而影响产量和品质。因此在土壤墒情差，植株叶片中午萎蔫时要注意补水，以保证扁豆的正常生长发育，提高产量和品质。撤棚后扁豆进入露地生长期，雨水频繁的月份应注意及时排涝。

4. 采收

第一批采收的扁豆的销路极好，在开花后 18~20d，嫩荚内籽粒开始饱满时及时采收，既提高扁豆的经济效益，又能促进上层果荚生长发育。扁豆同一花序有多次开花的特性，故在采摘时注意不要损伤果序，争取多开回头花多结荚，提高扁豆产量。采用多层覆盖技术种植的扁豆，一般可采收 3~4 批，每批采收间隔时间 30~35d，每亩总产量为 3 000 kg 左右，产值 6 000 元左右，比常规栽培的扁豆产量提高约 30%，产值增加近 1 倍。

（四）日光温室越冬扁豆无公害生产技术

扁豆是一种短日照喜温作物，北方一般春天播种，夏秋上市。为实现扁豆深冬上市，满足春节市场供应，冬暖式大棚扁豆冬季种植获成功，填补了冬季蔬菜的一项空白。

1. 品种选择

选用豆均匀，纤维少，单荚重，抗病性强的品种，如济南地方品种"猪耳朵"比较适合冬茬栽培。

2. 施足基肥，精细整地

冬暖式大棚栽培扁豆生长期长，需肥量大，应重施基肥，一般亩施磷肥 100kg，钾肥 50kg，优质堆沤肥 2 500 kg，结合施肥深翻 30cm，耙细整平。

3. 起垄栽培

垄栽覆膜实行高垄单行栽培，垄宽 40cm，垄沟宽 40cm，垄高 15cm，采用 50cm 宽幅地膜实行"隔沟盖沟"法盖膜。盖膜后在垄上定植一行扁豆。

4. 适时播种，合理密植

播种日期以保证春节市场供应，故选择秋分前后 5d 播种育苗为宜。采取畦内浇水切块后再播种，以便带土坨定植，扁豆秧苗 3~4 片真叶时定植，按 1 垄栽 1 行，1m 3 墩，1 墩 2 棵的比例移栽，不可过密，否则秧苗徒长，落花落荚严重，甚至不结荚。

5. 加强各项管理措施

(1) 温度 播种出苗前应保持 25~30℃，促进幼苗迅速出土，以减少养分消耗。出苗后降低苗床温度，以 20~25℃ 为宜，防止出现高脚苗。真叶展开后保持 20℃。定植前 5~6d 进行 18~20℃ 低温炼苗。定植缓苗后棚温白天维持 20~25℃，夜间 12~15℃，不能低于 10℃。进入严冬，若遇连阴天气或严重冷凉天气，应采取点火等增温措施，让扁豆顺利通过难关；开花结荚期应保持适温，防止棚温过高或过低。扁豆开花结荚的适宜温度范围为 16~27℃，以 18~25℃ 为最适宜，低于 15℃ 和高于 28℃ 时对开花结荚不利，会加重落花落荚。尤其是高于 32℃ 时，不仅造成大量落花落荚，而且严重影响商品嫩荚的品质。当棚温高于 28℃ 时，要通风降温。

(2) 肥水 定植前施足底肥，一次浇足底水。定植后一般不浇水，扁豆在初花期和坐荚果之前，不宜浇水，也不宜追肥。当第一花序坐住荚后，才开始浇水追肥。在地膜覆盖栽培条件下，宜采用膜下浇暗水的方法，随水冲施速效化肥或腐熟的人粪尿。扁豆喜硝态氮而不喜氨态氮，氨态氮肥施用多时会抑制植株生长发育。所以，冲施开花结荚肥时，多施用尿素、三元复合肥和人粪尿，在下部花序结荚期，一般 12～15d 浇水、追肥 1 次，每次每亩施三元复合肥 10kg 左右，或人粪尿 100kg。在中部花序结荚期，一般 8～10d 浇水、追肥 1 次，每次每亩冲施尿素 7～8kg。上部花序开花期、结荚期和侧枝翻花结荚期，一般 10d 左右浇水、追肥 1 次，每次每亩冲施尿素和硫酸钾各 5kg。结荚中、后期为改善透光条件，要将中、下部的老黄叶及时摘除，并在茎叶过密处疏去部分叶片和抹掉晚发的嫩芽。

（3）吊绳　幼苗甩蔓后吊绳。每株扁豆苗准备一透明塑料绳，绳的一端固定在大棚顶铁丝上，另一端系上木棍，插在北一株扁豆苗的外侧，插地处距苗 8～10cm 远。注意不要让主蔓一次爬到棚顶，在龙头即将爬到棚顶时落蔓。

7. 病虫害防治

（1）锈病于发病初期用 15% 三唑酮可湿性粉剂 1 000～1 500 倍液喷雾，隔 5～7d 1 次，连喷 2 次。

（2）花叶病系病毒，定植缓苗后开始喷施环中菌毒清 500 倍液、双效微肥 400 倍液、病毒 A400 倍液及 0.2% 的硫酸锌混合液，隔 10～15d 1 次，连喷 2～3 次，可基本控制花叶病发生。

（3）蚜虫用 80% 敌敌畏乳油暗火烟熏，亩用敌敌畏 250～300g。

8. 采收

扁豆开花后 7～15d，嫩荚已长大但尚未变硬时采摘。此时鲜重最大，菜用商品品质最好，为采收适宜之时。一个花序上有 8～10 个花芽，而开花结荚的只有 3～5 个。采摘扁豆荚时，要注意保护好这些花芽，采摘头茬豆荚后，保留的花芽会加速发育，开花结二茬荚。进入收获期后，一般 4～5d 采收一次。一般情况下亩产 1 500 kg。

（五）扁豆的间作套种

扁豆生长期长，在北方跨越整个无霜期，植株攀缘性强，开花结果期枝繁叶茂，针对扁豆的生长特点，充分利用时间差和空间差，与其他作物进行合理的间作套种，可大大提高土地利用率，从而增加效益。

1. 大棚茄子（或青椒）套种扁豆

（1）茄子选用黑龙长茄（青椒可选用洛椒七号、八号等尖椒品种），12月中旬播种育苗。扁豆选用边红一号等早熟品种，3月上旬直播于营养钵中。

（2）3月上中旬扣棚，3月下旬整地做垄。然后覆地膜定植，采用大垄双行方式。大垄宽120cm，定植两行、小行距50cm。株距33~36cm，亩保苗3 000~3 300株。扁豆4月下旬套栽于茄子双行中间，株距1.2m，亩保苗1 100株。

（3）扁豆不用搭架，待生长后卷蔓往大棚柱子上爬。6月中下旬爬到棚顶时撤去塑料棚布，变为露地生长，始收期6月下旬，终收期霜降前后。

2. 大棚番茄、扁豆立体种植

（1）选用良种，培育壮苗 番茄选择合作906、霞粉等早熟粉果型品种，11月上旬采用大棚套小棚育苗；扁豆选用市场适销、适口性好的红扁豆种，分别于1月上旬和3月上旬利用大棚套小棚进行营养钵育苗，每钵点播2~3粒。育苗期间控制浇水，防止土壤低温烂种死苗。

（2）施足基肥，合理密植 2月中旬番茄8~9片真叶时选择晴天定植。畦面覆盖地膜。一般行距50cm、株距30cm。第1期扁豆于2月下旬套栽在大棚中间走道两侧的番茄行间，一个大棚套栽2行扁豆，株距1m，行距1m。覆盖方式为大棚套小棚加地膜，夜间小棚增盖草苫，形成 4 层覆盖。第 2 期扁豆于 4 月上旬，大棚内撤去小棚薄膜，番茄搭架后进行定植，将扁豆苗套栽于钢管架下脚内侧 15~20cm 处，每根钢管脚旁栽 1 穴计栽 2 行。至此，整个大棚番茄共套栽 4 行扁豆，每亩栽 450 穴左右。

（3）整枝吊蔓　番茄开花坐果后要注意摘除果面残留枯花瓣，以防病菌侵染；及时抹赘芽，采取单秆整枝，适当疏果，可提高果实商品性。第 1 期扁豆甩蔓后，每株扁豆苗用一透明塑料绳吊蔓，注意不要让主蔓 1 次爬到棚顶，在龙头即将爬到棚顶时落蔓。第 2 期套栽的扁豆抽蔓后，可利用番茄架牵蔓上钢管，钢管之间用绳拉成网状，便于扁豆中后期爬蔓。通常扁豆第 1 花序以下的侧芽全部抹去，主蔓中上部各叶腋中若花芽旁混生叶芽时，应及时将叶芽抽生的侧枝打去；若无花芽只有叶芽萌发时，则只留 1~2 叶摘心，侧枝上即可形成一穗花序。主蔓长到 2m 左右时摘心，促发侧枝。

（4）及时采收　番茄 4 月下旬果实变粉红色时采收上市，6 月底清田；扁豆 5 月上旬上市，采收时以荚面豆粒处刚刚显露而未鼓起为宜。

3. 扁豆—夏白菜—速生叶菜高效立体种植

扁豆、夏大白菜、速生叶菜高效立体种植技术，平均每亩可产扁豆 3 000 kg、夏大白菜 1 500 kg、速生叶菜 800kg，亩年纯收入可达 4 500 元，其栽培技术如下。

（1）种植规格　整畦面宽 1.7m 的高畦，畦沟宽 30cm，单行扁豆种在畦正中间，株距 40cm，亩植 900 株。在扁豆行两侧 60cm 处各种一行夏大白菜，株距 25 ~ 30cm，每亩植 2 300~2 600 株。速生叶菜种在夏大白菜种植幅上。

（2）品种选择　扁豆选早熟、优质的边红三号扁豆，夏大白菜选耐热、抗病的夏丰、夏阳等，速生叶菜选耐热小白菜、苋菜。

（3）施足基肥　4月上旬，每亩施腐熟有机肥2 500 kg，尿素10kg，复合肥50kg后，按扁豆种植规格整平土地；6月上旬在夏大白菜种植幅上，每亩再施腐熟有机肥2 500 kg，尿素10kg，复合肥30kg。

（4）播期安排　扁豆于3月30日左右营养钵育苗，4月下旬定植，6月下旬始收，10月下旬至11月中旬采收结束；夏大白菜6月中旬直播，8月中旬采收；速生叶菜8月下旬撒播，9月下旬始收。

（5）肥水管理　扁豆开始结荚后每采收2~3次结合灌水，每亩穴施以磷、钾肥为主的复合肥10kg。夏大白菜莲座期追一次结球肥，每亩穴施尿素15kg或人粪尿750kg，速生叶菜要分批取大苗采收，在每次采收后泼浇稀薄人粪尿提苗。

（6）植株调整　扁豆蔓长至40cm时，要及时引到用水泥柱、铁丝、尼龙线搭的高1.5m的架上。在扁豆生育期间还要及时进行抹芽、打腰杈和摘心。保持秧蔓不超过1.8m，以利采摘和套种作物的采光。

五、扁豆病虫害无公害防治技术

扁豆对病害的抗性强，一般无大的病害流行。但也有苗期的猝倒病、立枯病，生育期的灰霉病（保护地）、锈病、煤霉病出现；虫害有豆荚螟、蚜虫、红蜘蛛、地老虎、斜纹夜蛾，要重点防治好豆荚螟。

病虫害的防治以防为主，防治兼并。首先要尽量杜绝病虫源，包括对种子、土壤的消毒处理并采用轮作制度。猝倒病由低温高湿条件引起，出苗初期发生；立枯病由高温高湿条件引起，多发生在育苗中后期。防治方法是降低苗床湿度，床土消毒防治每平方米用 50%多菌灵可湿性粉剂 8～10g 加干细土 0.5～1.5kg 拌成药土，于播种前撒垫 1/3 药土在苗床上，余下药土播种后撒施覆盖在种子上；苗期发病初期用 50%甲基托布津可湿性粉剂 600 倍液喷洒幼苗和床面，隔 5～7d 1 次，喷洒 2～3 次。

由于灰霉病侵染速度快，病菌抗药性强，防治时宜采用农业防治与化学防治相结合的方法，农业防治加强棚室环境调控，要求适温低湿，加强排风除湿，及时人工摘除病叶病荚，并带出棚外深埋，有利于防止病害的发生和发展；化学防治：当发现灰霉病病叶病荚零星发生时，用 50%速克灵可湿性粉剂或 50%扑海因可湿性粉剂 800～1 000 倍液，于晴天上午全株喷雾，并通风降湿，连续喷洒 2～3 次，每次间隔 5～7d。

锈病主要为害叶片，煤霉病为害叶片、茎蔓及果荚。药剂用 70%代森锰锌 500 倍液防治。

豆荚螟：豆荚螟虫害有世代重叠现象。成虫产卵有很强的选择性，90%以上虫卵产在花蕾和花瓣上，幼虫为害花朵，不久被害花朵同幼虫一起掉落，幼虫又再次返回植株，转移为害。稍大的幼虫，大部分蛀食扁豆荚。豆荚螟在始花期出现，一般一年发生 5 代。在气温 25～29℃时，当年以第二、第三代发生严重。防治豆荚螟虫害的最佳时机在始花期、盛花期；从始花期开始，每次盛花期应连续喷药 2～3 次（2～3d 1 次）；用药时间在早上 7～10 点鲜花盛开的时候，用药最有效。使用药剂：10%敌杀死 3 000 倍液、2.5%功夫 4 000 倍液、5%卡死克 2 000 倍液、5%杀螟松 1 000 倍液，5%锐劲特胶悬剂 2 500 倍液，只要是防治螟虫的药剂都可以使用，药剂交替使用效果好一些；同时，要彻底清除沟边杂草，使豆荚螟蛾子无处藏身；清沟排渍，降低田间湿度；结合整枝，摘除有虫或虫卵的花蕾和花瓣，对掉在地上的花瓣和花蕾收集到一块，带出田外，集中烧毁或深埋。通过以上综合措施，可对豆荚螟的发生实现有效地控制。

蚜虫可选用10%吡虫啉2 000倍液防治，红蜘蛛用15%扫螨净2 000倍液防治，斜纹夜蛾选用5%抑太保1 000倍液或10%除尽3 000~5 000倍液，在清晨或傍晚害虫出来活动时对准豆荚喷雾。但最后一次用药时间应与采收间隔时间在20d以上。

第七章 刀 豆

刀豆系豆科刀豆属的栽培种，因其豆荚大且似刀剑而得名，又名大刀豆、挟剑豆、刀鞘豆、关刀豆、酱刀豆，别名肉豆，洋刀豆等。刀豆为一年生或多年生缠绕性或直立草本植物。有蔓性刀豆和矮生刀豆（立刀豆）之分，两者形态上的主要区别在于茎的蔓性或直立，种脐的长短。

一般认为刀豆起源于东半球，原产印度，在我国至少已有1 000多年的栽培历史。我国南北各地多有零星栽培，长江以南各省广为栽培。

刀豆的嫩荚可作蔬菜，肉质肥厚，脆嫩味鲜，可炒食或熟食，也可加工腌渍酱菜、泡菜或作干菜食用。立刀豆嫩荚也可作蔬菜，花和嫩叶蒸熟后可作调味品用。干豆同肉类煮食或磨面食用。刀豆炒焙的种子可作咖啡的代用品。刀豆种子、荚壳、根均可入药。

刀豆的蛋白质含量比菜豆丰富，并富含钙、磷、钾、铁及多种维生素。刀豆鲜嫩荚每100g含热量1 420 kJ，水分89.2g，蛋白质2.8g，脂肪0.2g，总碳水化合物7.3g，纤维1.5g，灰分0.5g。刀豆嫩豆粒每100g含维生素A 40U。

刀豆种子含微量有毒物质氢氯酸和皂角苷，还含胰蛋白酶抑制素和胰凝乳蛋白酶抑制素。成熟种子食用时要注意安全食用方法。加热到一定程度才能破坏毒素，故必须熟食。

一、刀豆的基础知识

（一）刀豆的形态特征

1. 蔓性刀豆

为多年生，但多为一年生栽培。蔓粗壮，长 4m 以上，生长期长，为晚熟种。出苗后第一对基生真叶为大型心脏形的单叶，以后为由三小叶组成的复叶，叶柄短。荚果绿色，长 30cm 左右，宽 4~5cm，每荚重约 150g。种子大，椭圆形，每荚有种子 10 粒左右。种子白色、褐色、乌黑色或红色，种子长 2.5cm，宽 1.5cm，千粒重约为 1 320g。种脐的长度超过种子全长的 1/3。

2. 矮刀豆

又名立刀豆、洋刀豆。为一年生，半直立丛生型也可变为多年生攀缘性，株高 60~120cm。花白色。荚较短。种子白色，小而厚，种脐的长度约为种子全长的 1/2。较早熟。

（二）刀豆对环境条件的要求

刀豆的生育期一般为 70~90d，分为发芽期（15~20d）、幼苗期和抽蔓期（共 30~50d）及结荚期（开花后需 20d 左右即可采收）。刀豆的全生育期为 180~310d，因栽培地区和类型（品种）而不同，采收嫩荚作蔬菜，需 90~150d 才可收获。

1. 温度

原产热带，喜温耐热，不耐霜冻。生长发育期需温度 15~30℃，种子发芽适温为 25~30℃，生育适温为 20~25℃，开花结荚最适温为 25~28℃，能耐 35℃高温，在 35~40℃高温下花粉发芽力大减，易引起落花落荚。在我国北部地区栽培，因积温不够种子不易成熟，可育苗移栽。

2. 水分

刀豆要求中等雨量，以分布均匀的 900~1 200mm 年降水量为适宜。我国华北地区夏季高温高湿的雨季亦适于刀豆生长，刀豆有些品种不耐渍水。立刀豆根系入土较深，相当耐旱，也比其他许多豆类作物更抗涝。在年降水量只有 650~750mm 的地区，只要土壤底层水分充足或有灌溉条件，也能成功栽培立刀豆。

3. 光照

刀豆对光周期反应不敏感，要求不严格。立刀豆为短日照作物，但在各地区栽培的地方品种，由于长期的自然适应，对光照长短的敏感性有所不同。二者均较耐阴。但据报道，刀豆对光照强度要求较高，当光照减弱时，植株同化能力降低，着蕾数和开花结荚数减少，潜伏花芽数和落蕾数增加。

4. 土壤

刀豆对土壤适应性广，但以土层较厚、排水良好、肥沃疏松的砂壤土或黏壤土为宜。刀豆适宜的土壤 pH 值为 5.0~7.1，立刀豆耐酸耐盐，适应的土壤 pH 值为 4.5~8.0，比其他许多豆类作物更抗盐碱，但以土壤 pH 值为 5~6 为宜。在黏土地直播时，肥大的子叶不易破土而出，故直播以砂性土为宜。但育苗移栽时，如选稍黏性壤土栽培，则果荚的硬化较迟，荚肉柔嫩品质好，有利采收嫩荚。

5. 养分

刀豆生活力较强，对水肥要求不高，虽然根系发达有根瘤固氮，但茎叶繁茂，生育期长，需肥量大，故仍需施足基肥。在生育过程中，还应注意后期追施磷、钾肥，防止早衰，延长结荚期，增加产量。

二、优良品种

我国刀豆的优良品种，主要是各地种植的地方品种。

(一) 大刀豆

江苏省连云港市和海州、中云等地有少量栽培。

植株蔓生，株高 3~4m，生长势强，茎蔓绿色，略带条纹。基部初生 3 片单叶，每个叶腋有一分枝，向上各复叶叶腋不再分枝，三出复叶为长卵形。花冠浅紫色，每个花序有花约 10 朵，一般成荚 2~3 个。嫩荚绿色，大而宽厚，光滑无毛，似小长刀，荚长约 30cm，宽约 4cm，厚 1~2cm，据背线 1cm 处两侧各有一条凸起的小棱，腹线处光滑无棱。单荚重 100~150g，荚果肉质较硬，适宜酱渍。种子扁椭圆形，紫红色，种脐黑褐色，百粒重 120~180g。

早熟，生长期 80~85d，耐热性强，耐寒性差，春季生长缓慢，夏季生长旺盛，抗虫力较强。

4 月下旬催芽穴播，行距 1.2~1.5m，穴距 30~33cm，每穴播种 2~3 粒，7 月中下旬开始采收嫩荚。

(二) 大田刀豆

福建省大田、永春、德化等地区多年栽培的品种。

植株蔓生，株高 2~3m。三出复叶，小叶长 10cm，宽 8cm。花冠紫白色。嫩荚浅绿色，镰刀形，横断面扁圆形，荚长 32.5cm，宽 5.2cm，，厚 2.6cm。嫩荚可鲜食，亦可腌渍加工，品质中等。种子较大，肾形，浅粉色。

晚熟，从播种至嫩荚采收需 90d，可持续 100~120d，嫩荚产量每亩 1 500~2 000 kg。抗逆性强。

3 月下旬至 4 月中旬播种，7 月上旬至 11 月中旬均可采摘嫩荚。

（三）十堰市刀豆

湖北省地方品种，栽培历史悠久，十堰市郊区栽培。

植株蔓生，节间长。单叶卵形，三出复叶，绿色。总状花序，花成紫色，每序结荚 2～4 个，荚扁平光滑，刀形，长 23cm，宽约 3.6cm，单荚重 100~150g，绿色，肉厚，质地嫩荚，味鲜，可供炒食和腌制。每荚含种子 8～10 粒，种子椭圆形，略扁，浅红色。耐热性较强，耐寒性较弱。嫩荚产量每亩 1 000 kg。

房前屋后均可种植。4 月下旬播种，穴距 60cm，挖穴施基肥，每穴 2~3 株，靠篱笆、树木攀缘生长，生长期内施追肥 2 次，8 月上旬至 11 月中旬收获。

（四）沙市架刀豆

湖北省地方品种，栽培历史悠久植株蔓生，蔓长 3～3.5m，分枝性中等。单叶倒卵形，三出复叶，深绿色。豆荚剑形，长 20～25cm，宽 4～5cm，厚 1.0～1.5cm，绿色，单荚重 100g 左右，每荚含种子 8 粒。嫩荚脆甜，适于炒食、腌制或炮制。单株可结荚 10 多个，嫩荚产量每亩 1 500 kg。晚熟，抗旱力强，耐涝，抗豆斑病。

4 月下旬播种，每亩用种量 4kg，留苗 2 000 株，播种后盖草防土壤板结，蔓长 30cm 时搭架，人工引蔓上架。

（五）青刀豆

安徽地方品种。为一年生半爬蔓性植物，株高 79～84cm，开展度 63~76cm。叶宽大，倒卵形，叶色浅绿，叶缘全缘。叶柄扁圆，有齿沟，茎粗壮，花紫红色。豆荚扁长，肉质肥厚、脆嫩，荚长 32~34cm，宽 3.2~3.3cm，厚 1.4~1.7cm。种子白色。抗旱性极强，耐高温，抗病。

三、栽培管理技术

刀豆全生育期 180~310d，自播种到始收嫩荚需 90~150d。立刀豆全生育期 180~300d，播后至始收嫩荚需 90~120d。具体每个品种的生育期，则因栽培地区和品种类型而异。

（一）种植方式

刀豆很少大面积栽培，以零星栽培为多，大多种植于宅旁园地，房前屋后的墙边地脚，或沿栅栏、篱笆、墙坦栽培，还可广泛种于经济林、果园的行间作绿肥或覆盖物。丘陵山坡地亦可种植刀豆，在 20 世纪 50—60 年代，南方山区丘陵地区随地可见种植，是当地农民群众的重要蔬菜之一。

刀豆生育期长，一般是一季栽培，种子繁殖。刀豆喜温怕冷，北方地区露地须在终霜后播种，在初霜来临前收完。在北方生长期短的地区，种子多不易成熟，育苗移栽可延长生长期，种子可自然成熟。在黏质土壤中，种子不易发芽，容易腐烂，亦应育苗移栽。

刀豆根系发达，土地深翻 18~20cm，同时翻入腐熟有机肥或浇粪水。平整土地，平畦栽培，畦宽 135~150cm，畦长 6.5~13.5m，每畦种两行，穴距 50cm，每穴播种 1~2 粒。种子发芽时子叶出土。

（二）播种

宜选粒大、饱满、大小整齐、色泽一致，无机械损伤或虫伤籽粒作种子，先晒种 1d，用温水浸泡 24h 后再播。播后如遇低温或湿度过大，易烂种，因此浸种后最好再放在 25~30℃ 条件下催芽，出芽后点播。如温度较低，土壤湿度又大，可用干种子直播，播种时宜使种脐向下，便于吸水促进发芽，播后先盖一层细土，再加盖谷糠灰或草木灰，以利种子发芽子叶出土。

床播宜于 3 月下旬至 4 月上中旬进行。苗床可根据气候情况选用温床或冷床，播前浇足底墒，行株距各 13cm，每穴点播一粒，覆土 3cm 厚，先盖细土，再盖一层谷糠或草灰。播后切勿多浇水，保持适温适湿，以免烂种。7~10d 后出芽，终霜后幼苗有 2 片真叶时定植露地，每穴一株，行距 70~80cm，株距 40~45cm，每亩 2 000 株。

直播多在终霜前 7~10d 播种，北方在 4 月下旬至 5 月上旬播种，每穴宜播种 2 粒。立刀豆行距 66cm，株距 33cm，播深5cm 左右，一般用穴播或点播，每穴为 3~4 粒。种植面积较大时可以条播，行距 60~90cm，株距 15~30cm，或采用 30~40cm的方形播种。丛生型立刀豆，宜用（100~150）cm×100cm 的宽行株距。

（三）田间管理

（1）苗高 10cm 时，要查苗、定苗、补苗，在 4 叶期，结合中耕除草追肥 1 次。

（2）蔓生刀豆株高 35~40cm 时插支架，架高 2m 以上，架的顶部要纵横相连。也可利用篱笆、栅栏、墙坦、大树等拉绳作架，引蔓顺其自然缠绕。前期要注意中耕、除草和培土。

（3）肥水管理，开花前不宜多浇水，要注意中耕保墒以防落花落荚。开花结荚后需及时追肥、浇水。坐荚后，刀豆植株逐渐进入旺盛生长期，待幼荚 3~4cm 时开始浇水。供水要充足，无雨时 10~15d 浇一次水，并结合进行追肥。刀豆是豆类中需氮肥较多的蔬菜，如氮素不足则分枝少，影响产量和品质。在 4 叶期追第一次肥，在坐荚后结合浇水追第二次肥，在结荚中后期再追 1 次肥。在结荚盛期应进行 2~3 次叶面追肥。要经常保持地面湿润。

在开花结荚期，应适当摘心摘除侧蔓、疏叶，以利于提高坐荚率。

(四) 收获与贮藏

刀豆和立刀豆生育期均较长，收获嫩荚需 90~20d，收获种子需 150~300d。

1. 收获嫩荚

刀豆一般在荚长 12~20cm，豆荚尚未鼓粒肥大，荚皮未纤维化变硬之前采摘。北方在 8 月上旬盛夏开始陆续采收，直至初霜降临。单荚鲜重可达 150~170g，嫩荚产量每亩 500~750kg。收立刀豆嫩荚做蔬菜时，在荚果基本长成，柔嫩多汁时采收。

2. 收获种子

留种一般选留植株中下部先开花所结宽大肥厚并具本品种特征的豆荚，其余嫩荚应及时早采食，待种荚充分老熟，荚色变枯黄时摘下，待荚干燥，剥出种子晾干贮藏。豆荚过熟会在田间炸荚落粒，造成减产。干豆产量：刀豆为每亩 50~100kg，立刀豆为每亩 100kg。茎叶产量为每亩 2 700~3 400 kg。

3. 贮藏

贮藏的种子含水量应在 11% 以下。种子一般贮藏于袋内或陶器。刀豆种子在贮藏期间抗病虫性较强。

四、病虫害防治

刀豆抗逆性强，一般生长健壮，病虫害较少。主要病害有真菌根腐病、疮痂病，病毒病有菵麻属花叶病和长豇豆花叶病等，线虫病有大豆胞囊线虫等。防治方法：可采取选用无病种子、销毁病株、药物防治等措施（请参阅菜豆、豇豆有关病害防治方法）。

刀豆的虫害较轻，有时发生蚜虫为害，防治方法见菜豆。

第八章 四棱豆

四棱豆主要以嫩豆荚、嫩叶、嫩梢和块根供菜用，别名翼豆、四稔豆、杨桃豆、翅豆、热带大豆等。豆科四棱豆属的一年生或多年生缠绕性草本植物。

四棱豆所含营养物质极为丰富，做菜用的嫩荚，每100g鲜重，含水分89.5~90.4g，蛋白质1.9~2.9g，碳水化合物3.1~3.8g，脂肪0.2~0.3g，纤维素0.8~1.2g，维生素$B_1$0.1~0.2mg，维生素$B_2$0.1mg，烟酸1.2mg，维生素C 20mg；矿物质含量也很丰富，其中含钙25~26mg，磷26~37mg，铁12mg，钾205mg，钠3.1mg。块根的营养价值也很高，每100g块根中含水分51.3~67.8g，蛋白质8~12g，为马铃薯块茎蛋白含量的4倍，是目前世界上含蛋白质最高的块根作物。四棱豆的种子更是高营养食品，100g种子中含水分8.5~14g，蛋白质高达32.4~41.9g，碳水化合物25~28g，脂肪13.1~13.9g，特别是含有丰富的维生素E和大量的钙、磷、铁、钾、镁等对人体健康有益的矿物元素及多种人体必需的氨基酸。

四棱豆原产热带，已有近4个世纪的栽培历史。四棱豆在巴布亚新几内亚和缅甸有较大规模的生产，在东南亚以及印度、孟加拉国和斯里兰卡也有广泛栽培。我国栽培四棱豆的历史在百年以上，主要分布在低纬度的南部，如云南、广西、广东和海南等省（自治区），多种植在房前屋后或菜园角边地；湖南、安徽、福建等地也有种植。

　　四棱豆各种营养器官均可做菜用，食用方法也很多。嫩豆荚可以鲜炒、水煮后凉拌、盐渍、做酱菜；嫩叶、嫩茎梢可炒食、做汤；块根可鲜炒、制作干片，口味都很鲜美。块根和种子又能蒸煮或烘烤食用。

一、四棱豆的形态特征

（一）植物学性状

　　四棱豆根系发达，由主根、侧根、须根和块根组成。主根或侧根膨大后成胡萝卜状块根。根上有较多的根瘤，固氮能力强。侧根分布直径40~50cm，主根入土最深70cm，但主要根群分布在10~20cm的耕层内。一年生植株便可形成块根。茎蔓生，缠绕生长，高达3~4m，分枝性强，枝叶繁茂，茎光滑无毛，绿、紫绿或紫色，以绿色为主，横断面近圆形，在湿润条件下，茎节容易发生不定根。叶为三出复叶，互生，小叶呈阔卵圆形、三角形或卵披针形，全缘，顶端急尖。花为腋生，总状花序，一个花序上着花2~10朵，花较大，花冠白色或淡蓝色，萼片2裂，旗瓣大，基部有叶耳，翼瓣狭长，龙骨瓣内弯；二体雄蕊，子房长形，花柱粗，柱头密披绒毛。荚果呈带棱的长条方形四面体，故称"四棱豆"。棱缘翼状，有疏锯齿，绿色或紫色，荚长6~48cm，一般长约20cm，含5~20粒种子。种子卵圆形，光滑且有光泽，种皮有白色、黄色、褐色、黑褐色、黑色或花斑等，千粒重250~350g。种子无休眠期。

(二) 生长发育特点

四棱豆以种子繁殖为主，生长势强，营养生长与生殖生长并进时间考勤，无限结荚。四棱豆的全生育期，依品种不同而不同，为 180～270d。通常情况下播种后 5～8d 出苗，子叶不出土，幼苗生长缓慢，20d 后生长加快，大约 70d 后多数品种开始开花，有些品种在出苗后 150d 左右开花。自花芽可见到开放约需 4d。花药在晚上裂开，花在早上开放，柱头多在花开放前后授粉。昆虫特别是蜜蜂是主要的传粉媒介，因此，可能因昆虫而引起杂交授粉，异交率可达到 20%。荚的发育分两个阶段，授粉后 20d 荚果可达最大长度，25d 可达最大重量，50～60d 种子和荚果充分成熟。用作蔬菜时必须在开花后 10～20d 采收。

二、四棱豆对环境条件的要求

(一) 温度

四棱豆是原产热带的作物，喜湿，但适应性较广，种子发芽适温为 25～30℃，15℃以下、35℃以上发芽不良，生长发育适温为 20～25℃，17℃以上结荚不良，10℃以下，生长停止。一般要求年平均气温 15～28℃，较凉爽的气候有利于块根的发育。四棱豆在海拔 2 400m 的高山地区也能正常发育。但它对霜冻很敏感，遇霜冻即死亡。

(二) 光照

四棱豆为短日性作物，对光照长短反应敏感，在生长初期的

20~28d，对日照长短更为敏感，此时用短日照处理能提早开花。一般在3月开始播种，7月以后开花结荚，8—11月为结荚采收期，冬季温暖地区可延续采收至翌春。晚熟类型在长日照条件下，营养生长过旺，不能开花结荚。四棱豆要求较充足的日照条件，在背阴处栽培则生长发育不良。

（三）水分

四棱豆根系发达，入土也较深，有一定的抗旱能力，但不耐长时间干旱，尤其开花结荚期对干旱很敏感，要求较充足的土壤水分和湿润的环境。四棱豆怕涝，田间不能积水，否则容易烂根，千万植株萎蔫死亡。

（四）土壤和养分

四棱豆对土壤要求不严，较耐贫瘠，不耐涝，在深厚肥沃的沙壤土中生长好，能获得最佳产量和品质。在黏性土壤中，块根生长不良，块根小，食味也不好。四棱豆不耐盐碱，适宜的pH值为4.3~7.5，当pH值低于4.5时，植株生长发育差，需施用石灰。虽然四棱豆的根瘤菌有较强的固氮作用，但因生长期长，生长量大，对养分需要量也大，仍需施用农家肥及磷、钾肥。据测定，每收100kg的籽实，需氮24kg、磷5.4kg、钾13.54kg。它本身的固氮率为68.18%，主要补充磷、钾肥。需肥最多的时期是始花期到结荚中期，这一时期，要吸收氮素总量的84.8%，磷素的90%，钾素的60.9%，结荚后期又长块根，因此，氮肥和磷肥施用重点在前中期，钾肥则应前轻后重。除此之外，还需要一些钙、硫以及硼、锌等微量元素。

三、四棱豆优良品种介绍

（一）类型

1. 四棱豆的栽培

可分为印度尼西亚和巴布亚新几内亚 2 个品系。①印度尼西亚品系：属多年生，小叶卵圆形、三角形、披针形等。较晚熟，也有早熟类型，在低纬度地区全年均能开花。也有对 12~12.5h 的长光周期敏感，营养生长达 4~6 个月。豆荚长 18~20cm，个别长达 70cm 以上，中国的栽培多属此类。②巴布亚新几内亚品系：一年生，早熟，播种至茶开需 57~79d。小叶以卵圆形和正三角形为多。荚长 6~26cm，表面粗糙，种子和块根的产量较低。

2. 品种分类

根据四棱豆的生长发育特点和收获目的可分为 4 类。

（1）食用类　有些品种结荚多，豆荚纤维化程度高，主要收获种子食用；有些品种块根膨大，块根产量高，主要收获块根食用。

（2）菜用类　鲜荚大，肉厚，脆嫩，纤维少。鲜荚适采期长，不易老化。

（3）饲用类　植株营养体繁茂，分枝多，再生力强，茎蔓生长势强，其蛋白质含量高。作饲料和绿肥，一般种植在生荒地、幼龄果园和经济林、采矿区作土地覆盖等。

（4）兼用类　嫩荚、嫩叶和茎梢可采用，但嫩荚适采期较短，易老化。可收获种子和块根食用，也可收获茎蔓做高蛋白饲料。

（二）主要栽培品种

1. 早熟 2 号

由中国农业大学选育而成。植株蔓生，蔓长 3.5~4.5m。茎基部 1~6 节可分枝 4~5 个，分枝力强。茎叶光滑无毛，左旋性缠绕生长。小叶宽卵形，茎叶深紫红色。腋生总状花序，每个花序有小花数朵至十余朵，花淡紫蓝色。荚果四菱形，嫩荚绿色，翼边深紫红色，荚大美观，纤维化较迟。单株结荚 40~50 个，荚长 18~20cm。成熟荚果黑褐色，易裂开。种子近方圆形，种脐稍突出，种皮灰紫色，单荚种子数为 8~15 粒，单荚粒重3.0~3.4g，百粒重 26~32g。每亩产嫩荚 850~1 200 kg，干豆粒 120~150kg。早熟 2 号成熟早，对光周期不敏感，生长发育所需积温较低，适于北方地区种植。3 月下旬至 4 月初育苗，苗龄25~30d时具 4~5 片叶，断霜后移栽露地，栽培适宜密度为每亩1 700~2 000 株。花期较晚，7 月初始花，8 月下旬至 10 月大量结荚，荚大粒大，嫩荚喜人，采收期长达 2 个月，嫩荚正是秋淡季上市供应的优良品种。

2. 四棱豆新品系合 85-6

由合肥市农林科学研究所选育。早熟，品质优良。植株高2~3m，荚长 8~25cm，宽 1.5~3.5cm；每荚含种子 7~15 粒，深褐色，百粒重 20~32g；生育期 188~210d，播后 87d 初花，150d左右终花。在浙江、江苏、湖南均能正常生长，在海南、广东、广西播种后 60d 左右初花。适应性强、耐涝、不耐寒。在合肥种植，单株荚重 0.5~0.8kg，每亩产鲜荚约 1 000 kg。

3. 早熟翼豆 833

该品种是中国科学院华南植物研究所从澳大利亚引进品种H45 中的早熟变异株系选育而成的早熟品系。早熟，适应性广，经济性状好。植株蔓生攀缘，蔓长4~6m，叶互生，阔卵形至阔菱形。茎叶绿色，株高30cm处主茎叶腋着生第一花序。每个花序有小花数朵至十余朵，花冠蓝色，受粉后的子房逐渐发育成四棱形的荚果。嫩荚绿色，成熟荚果为黑褐色。种子近圆形，种脐稍突起。种皮米黄色。荚长16~21cm。单荚种子数为8~13粒，单荚种子重2.8~3.2g，种子百粒重31.0g。

4. 桂矮

广西农业大学园艺系选育的自封顶的有限生长型品种。少枝能力极强，整个植株呈丛生状，不用支架就能直立。主蔓生长11~13片真叶后其顶芽即分化为花芽而自封顶，主蔓长约80cm。花为腋生总状花序，每个花序有小花2~8朵，花冠淡黄色。嫩豆荚绿带微黄色，成熟豆荚黑褐色。豆荚长18cm，豆荚横断面呈正方形，单株结荚数为45荚左右；老熟种子的种皮黄褐至黑褐色。每公顷产嫩豆荚约22 950 kg，成熟种子约3 700 kg，块根约7 425 kg。

5. 四棱豆

海南地方品种，由广东省农业科学院经济作物研究所搜集整理。蔓生，花浅紫蓝色，荚深绿色，长22.0cm，宽3.5cm，单荚重20g左右，种子圆形，棕褐色，生长期嫩荚180d，老荚216d，栽培时期5—10月。

四、四棱豆栽培季节与无公害生产技术

（一）栽培季节

四棱豆的生育期较长，而且生长发育需要较高的温度。所以一年生栽培，一般是春播秋收，一年一茬；多年生栽培的，在冷凉的冬季地上部枯死，以地下块根越冬，次年温暖潮湿季节到来时自块根上发出新芽又开始生长。露地栽培，长江流域保护地育苗者 4 月育苗床或营养钵育苗，5 月中下旬定植，8—11 月陆续采嫩荚供食，直播的 5 月下旬进行；广东、广西、云南等北热带、南亚热带地区，早的 3 月下旬，迟的 5 月上旬播种，而以清明至谷雨播种为最适；华北地区露地栽培 3 月中下旬于保护地育苗，苗期 25~30d，定植大田，春季有风沙的地区定植后要加风障或扣小拱棚；黄淮海平原 2 月下旬至 3 月上旬育苗，4 月上旬定植于小拱棚。在北方使用保护地栽培需要看保温条件，保温性能高的可全年种植。

（二）栽培方式

四棱豆可单作，也可与其他作物进行间作套种，还可种植于庭院、地边田角等观赏采食兼用。

在国外四棱豆多同玉米、高粱等作物间作。四棱豆枝叶繁茂，单株冠幅大，连片种植占地面积大，但前期生长缓慢，植株小，土地利用率不高，因此，可与其他一些矮小、匍地、耐阴、生育期较短的作物间作套种，以提高土地利用率。如菜豆、黄瓜、番茄、花生、甘薯、马铃薯、生姜、辣椒、苋菜等，均可与四棱豆间作套种。

在我国，四棱豆多在房前屋后、田边地角零星栽植，以观赏遮阳、采收嫩荚为栽培目的。近年来，由于对其营养价值和经济价值的进一步认识，以及不同生态类型品种的育成，四棱豆的栽培面积在逐渐扩大。据报道，四棱豆与甘蔗轮作，后作甘蔗比连作增产 50%。在我国，适合与四棱豆轮作的作物有高粱、玉米、马铃薯、小麦和蔬菜等。

四棱豆同其他豆类作物一样，不宜连作，需实行 2~3 年轮作。轮作不仅可以减轻病害、减少杂草、有利于根系发育和根瘤形成，且四棱豆还是良好的前茬作物，其收割后残留的大量根系、根瘤和枯枝落叶，提高了土壤肥力，对后茬作物有明显的增产效果。

（三）露地四棱豆无公害生产技术

四棱豆既可用种子也可用块根繁殖，而以种子繁殖为主。长江流域可采用直播法，也可采用育苗移栽法，北方地区无霜期短，一般采用育苗移栽法。

1. 整地做畦

四棱豆根系发达，宜选肥沃、土层深厚、疏松和排水良好的沙壤土种植。连作或与豆科作物连作生育不良，易发病，宜行2~3年轮作。在前茬作物收获后，及时翻地，早耕晒垡。虽然四棱豆的根瘤菌有较强的固氮作用，但生长期长，需肥量大，要想获得好的产量，仍需施充足的基肥。一般每亩施腐熟的堆厩肥2 000~3 000 kg，过磷酸钙20~25kg，钾肥5kg，过酸的土壤还需加入适当的石灰中和，耕翻入土，耙平地面，进行做畦。高畦：畦宽60~70cm，畦沟宽25~30cm，畦高20~25cm，每畦种植1行，或畦宽1.2m，每畦可种植2行；平畦：畦宽1.5m，双行定植，行距50cm，株距40cm。单作种植密度一般为每亩1 500~2 000 株为宜。间作套种则根据套种的作物来确定种植密度。

2. 直播

四棱豆属热带短日照作物，不耐霜冻。发芽适温25℃左右，15℃以下发芽不良，植株生长和开花结荚适温为20~25℃。若播种过早，温度低，达不到种子发芽的适温，常常导致含蛋白质高的四棱豆种子在低温和潮湿环境下烂种；但如果播种过迟，开花结荚后期温度过低，则荚和种子不能正常成熟而影响产量。因此，播种必须要考虑在晚霜结束后出苗，一般于 5～10cm 地温稳定在 15℃以上时进行，并且使其整个生育期在适宜的环境条件下。若利用设施栽培，则可提前播种，延长嫩荚采收期，提高产量。在北方无霜期短的地区，露地栽培必须提前育苗，当地晚霜过后移栽于露地。

　　四棱豆对光温反应敏感，绝大部分品种繁种保存困难，发芽力易丧失，所以生产上应选新鲜、饱满、种皮光亮的种子，以提高发芽率和发芽势。四棱豆种子种皮坚硬，表面光滑且略有蜡质，透水性差，不易发芽，在播种前进行种子处理，有利于发芽。干种子直播的，播前稍加机械损伤可加快出苗。为了保证出苗整齐，最好浸种催芽，播前晒种 1～2d，然后用纱布或细孔的网袋盛好种子，浸于 50～60℃温水中，并不断搅动至不烫手为止，水凉后再用清水冲洗，继续用 30℃温水浸种 8～10h，种子充分吸水膨胀后捞出，晾干种皮，然后播种或催芽；将吸涨不充分的种子继续浸种至充分吸涨后催芽，浸种期间换水 2～3 次；经浸种不能自行吸涨的"硬豆"需再进行处理。砂破种皮法：用细砂纸擦破"硬豆"种皮（种脐背部少量）；化学法："硬豆"用 12.5%的稀硫酸，温度 62℃，浸种 5min，再用清水将酸冲净，然后浸种，均可提高发芽率。催芽适温为 25～28℃，或用变温处理（白天变温为 30℃ 8h，夜间为 20℃ 16h），在催芽过程中，每天用清水冲洗种子 2 次，经 2～3d 后，出芽率达 90%时即可播种。

　　四棱豆属于叶留土作物，种子出苗过程主要是种子上胚轴伸长嫩芽出土，需较湿润的土壤条件，若土壤较干，播前 1 周浇水，待墒情合适时播种。通常是穴播，按株行距挖穴，每穴点精选干种子或催芽的种子 2～3 粒，幼苗顶土能力较强，播后覆土 3～4cm。待出苗后选留健壮苗 1 株。

3. 育苗移栽

育苗可在温室、大棚、小拱棚等设施中进行。播种期可根据定植期和苗龄来确定。采用营养土块或营养钵育苗。营养土的配制可用80%的菜园土，20%草炭，再加细碎的饼肥、适量的过磷酸钙，充分拌匀后制成营养土方或装入营养钵浇透水后播种。种子催芽方法同直播。每钵2~3粒种子，覆土2~3cm，播后用薄膜覆盖，以保温保湿，待出苗后及时揭开薄膜以免"烧苗"。育苗期一定要加强管理，培育壮苗。出苗前温度控制在白天25℃左右，夜间18℃以上；出苗后及时通风，适当降低温度，白天20~25℃，夜间15℃以上；随着外界气温升高，逐渐加大通风量，待外界气温稳定在15℃以上，昼夜通风，加强炼苗。小拱棚育苗的可在晴暖天气将薄膜全部揭开。待生理苗龄达3~4片真叶，日历苗龄30~35d即可定植。若苗龄太长则蔓抽出后会互相缠绕，易折断，定植后影响生长。在整个苗期要适时补充水分，保持苗床湿润和一定的空气湿度。

定植密度以每亩1 500~2 000株为宜，过密，通风透光不良，而且到秋季时棚架易倒塌，太疏又影响早期产量。定植方法：先在畦上开沟，或按40cm的株距挖穴，深度以苗坨放入后不高于畦面为宜，然后摆放苗坨，浇足水后覆土封窝。

四棱豆枝叶繁茂，单株冠幅大，连片种植占地面积大。为了提高土地利用率，定植前后可在垄畦上间作一些矮小耐阴的蔬菜，如辣椒、菠菜等。以提高经济效益。

4. 块根繁殖

霜前留种比霜后留种的成活率高10%左右，故应在霜前晴天选留块根作种，注意不要挖伤块根和弄断根颈。四棱豆萌发的起点温度为12.7℃，入窖的贮藏管理与温床催芽育苗与甘薯的管理基本相同，其不同的特点如下：

（1）保持窝内干燥，以利块根伤口愈合，可用细沙埋藏。

（2）根颈周围萌发根苗，所以催芽前不要分苑。

（3）四棱豆块根具有结瘤的能力，在温床上最好覆盖一层菌土（已种过四棱豆的土壤）。

当日平均温度稳定在 17℃ 时，块根苗的栽培密度要比种子苗稀，每平方米 1 株较适合，每亩 600 株左右。间作套作栽培时，定植可适当延迟，注意从苗床挖取时不要损伤块根苗，定植成活后的管理与种子苗相同。

四棱豆块根能在温室越冬。在 11 月上旬将挖出的块根种在温室，12 月上旬开始发芽生长，翌年 4 月下旬开花结荚。已摘过荚的块根在温室越冬，温度要保持在 20℃ 左右，虽在短日照季节，仍需 4 个月才能开花。

采用块根繁殖，如直接定植露地，可将中等偏小块根头朝上埋植于穴中，用地膜覆盖定植。这样能促其早发芽，早开花结荚。

5. 田间管理

（1）补苗和间苗　幼苗出土后要及时到田间查苗，发现缺株应及时补种，以确保全苗。当幼苗长到 7~8 片叶时，进行定苗，拔除弱苗和畸形苗，选留生长健壮的正常苗，每穴保留 1 株。

（2）中耕除草和培土　出苗后的 1 个月内，幼苗生长缓慢，结合除草，进行 2 次浅中耕，以松土、保墒，提高地温，促进根系下扎和幼苗生长。在抽蔓开始后再中耕 1~2 次。当枝叶旺盛生长以后，植株迅速封行，可停止中耕除草，但需进行培土，以利于地下块根形成，培土高度 15~20cm。

（3）整枝和搭架　四棱豆的主蔓生长旺盛，侧枝也较发达，进入开花结荚期，同时有茎叶继续生长和块根膨大，争夺养分激烈，也容易造成田间郁蔽，必须及时整枝。一般从 10 叶期开始进行摘心，以促进低节位分枝。在现蕾开花初期，还要及时除去第2、第3次分枝和生长过旺的叶片，以保持群体的通风透光。

四棱豆攀缘性强，出苗后30~40d，抽蔓开始后，应及时用竹竿或木棍搭支架，可搭成三角架、四角架或人字架，架高1.5m左右，使茎蔓均匀分布于架上。

（4）病虫害防治　四棱豆的抗性较强，病害较少发生。在国外四棱豆主要有叶斑病、冠腐病和根结线虫病等。在我国较常见有花叶型病毒病，感病植株嫩叶皱缩，感病前已长成定型的叶片，不表现症状。防治方法是剪去感病枝叶，杀灭蚜虫，加强肥水管理后病症状消失。但幼苗期如感病则全枝矮缩，要整株拔除、烧毁。虫害主要有蚜虫和豆荚螟，要及时用药剂防治，用2.5%溴氰菊酯乳剂3 000倍液等喷洒防治蚜虫，用杀螟杆菌500倍液防治豆荚螟，喷洒3~4次，隔7~10d喷1次。注意农药的安全间隔期。

6. 采收和留种

四棱豆的茎叶、嫩荚、块根、种子均可食用。

（1）采收嫩叶　幼叶比老叶蛋白质含量高，营养丰富，纤维少，可消化性较好。枝叶生长过旺时，可采摘枝条最顶端约20cm的第3节上最嫩茎叶做蔬菜。尤其生长中期以后，枝尖嫩绿、光滑，幼叶未展，其上着生一串花蕾，这时采摘用以做汤、凉拌或配菜甚佳。

（2）采收嫩荚　嫩豆荚要及时采收，一般在开花后15~20d，豆荚色绿柔软时为最佳采收期，采收宜嫩不宜老，如采收过迟，纤维增加，品质变劣，不能食用。露地栽培管理较粗放的嫩荚每亩产量800~1 000 kg，高产的每亩产量可达2 000~2 500 kg。因为四棱豆的鲜嫩豆荚表面积比较大，接近荚的表面又有一种泡状结构，使鲜嫩豆荚不耐贮藏，因此，采收的嫩荚应于24h内出售。

（3）采收块根和藤蔓　　短日照和较低的土壤温度有利于块根生长，植株落叶前后收获块根。冬季温暖，土壤不结冻的地区，一般当年不收块根，留老藤越冬，第 2 年生长旺盛，开花结荚多，块根更大。每亩块根产量最高可达 750kg。四棱豆在北方多为一年生，块根产量低。若要安全越冬，必须在霜降前将块根挖出，栽于冬暖大棚中，翌春再栽于大田。藤蔓干枯收割后晒干，与豆秸、荚壳一起粉碎，可作饲料。

（4）留种　　种子一般在花后 45d 成熟，豆荚变褐色，并基本干枯时可采收作种。种荚以结荚中期中期的荚果最好，荚大粒大，百粒重大，荚形好。荚果成熟时易开裂，要及时采收。采收的种子经过一系列挑选后，留待下年播种。平均每亩产干豆粒约 150kg。

第九章 豆类芽苗菜的生产

一、豆类芽苗菜的概念

芽菜在我国有悠久的栽培历史，其中豆芽菜则是南北各地人民传统的重要蔬菜。豆芽生产技术早年由我国传入新加坡、泰国等东南亚国家，美国在20世纪40年代也开始进行生产。有关豆芽的最早记载见于秦汉时期的《神农本草经》，近代也有许多文献记载了有关芽菜的栽培和食用方法，但长期以来芽菜所指不过也只是绿豆芽、黄豆芽和萝卜芽及其传统的栽培方法。

近年，随着生活水平的不断提高，我国人民对蔬菜产品的需求，已从数量消费型逐步向质量消费型转变，芽菜作为富含营养的优质、保健、高档蔬菜而受到青睐。正是在这样的社会背景下，芽菜生产悄然兴起，并得以蓬勃发展。目前，无论是在种类和品种多样化方面，还是在先进栽培手段和现代技术的采用以及产品品质的改进方面均有了开拓性的进展。据粗略统计目前以种子生产芽菜的植物多达三四十种，如黄豆、黑豆、绿豆、红小豆、花豆、豌豆、苜蓿、芝麻、萝卜、苋菜、蕹菜、小芥菜、小白菜、油菜、菠菜、莴苣、茴香、落葵以及小麦、大麦、荞麦等等，现在新型芽菜生产多利用温室大棚等保护设施进行半封闭式、多层立体、苗盘纸床、简易无土、免营养液无公害规范化集约生产，大大提高了经济效益。

自古至今，因豆类种子来源广，且豆粒普遍较大，更适合芽菜生产，营养丰富并有一定的药用价值等原因，豆芽菜始终是芽菜大家庭的重要成员。但在今天，与我国传统的用激素生产的无根豆芽截然不同，新型的豆类芽苗菜通过采用先进的栽培方式和技术，经过见光处理更安全、富有营养、更符合无公害的要求。

二、豆类芽苗菜的特点

（一）豆芽苗菜是营养丰富的优质、保健、高档蔬菜

豆芽苗菜以植物的幼嫩器官供食，品质柔嫩、口感极佳、风味独特，易于消化，并具有丰富的营养价值和某些特殊的医疗保健效果，如黄豆、黑豆、豌豆苗等药用价值都有史书记载。芽苗菜由于种子在萌发过程中消耗和分解了原有的贮藏养分，从而使干物质下降，其营养成分，除了蛋白质、脂肪降低以外，氨基酸和维生素含量却要比原籽粒丰富得多。

（二）豆芽苗菜是速生、清洁的无公害蔬菜

首先其产品形成所需营养，主要依靠种子所贮藏的养分，一般不必施肥，在适宜的温度环境下，保证其水分供应，便可培育出芽苗幼梢或幼茎，而且其中的大多数生长迅速、产品形成周期很短，有的只需 7~15d，生产过程中不使用化肥，激素，农药，栽培过程中要求杀毒灭菌处理，很少感染病虫害，也毋使用农药，因此芽类蔬菜较易达到绿色蔬菜的标准。

其次豆类芽苗菜生产环境可控制。如大豆、豌豆、黑豆等多数种类对环境温度的适应性较广，因此，适合于我国北方地区可在房舍、日光温室、简易保护设施等环境下生长，可以有效地控制周围环境，保证大气、土壤、水体等生态因子洁净。

（三）豆类芽苗菜适于多种方式栽培

由于豆类多数对环境温度适应性较广，一般不需要很高的温度，白天 20~24℃，夜晚 12~14℃，即可满足生长要求。因此可利用温室大棚、窑窖、空闲民房以及各种简易保护设施中，进行土壤栽培、沙培、无土栽培等。

（四）豆类芽苗菜是生物效率、生产效率和经济效益较高的蔬菜

以豌豆为例，用它们的种子直接进行籽芽生产，每千克豌豆种子可形成 3.5~4kg 芽苗产品，生物效率达到 5 左右，生长期 10~15d，每平方米面积约可收获 11kg 产品，按每千克 5.5~7 元价格折算，产值一般可达 60~80 元。

豆芽苗菜虽然作为富含营养的优质、保健、无公害的高档蔬菜而越来越受到消费者的青睐，但由于它属于新兴蔬菜，有些种类及其产品还未被广大人民所熟悉，加之一般价格较昂贵，故消费量较小，有些种类主要供给饭店宾馆使用。另外产品柔嫩、容易失水萎蔫的特点也限制了长途运输。因此，在发展豆芽苗菜生产时首先要立足本地区，考虑销路，打通销售渠道，切忌贸然进行大批量生产，以免受到不应有的损失；同时应着力于"引导消费"，通过各种渠道向社会和消费者作广泛的介绍和宣传。

三、豆类芽苗菜无公害生产技术

抛开传统的豆芽菜生产，以目前生产中应用普遍，效益较高，具有推广价值的几种新型栽培方式为例，逐一详细介绍。

（一）棚室芽苗菜立体无公害生产技术

在棚室内采用多层棚架，育苗盘立体栽培，充分利用棚室空间，周年生产，随时播种上市，生产周期短，投入少，技术简单，便于管理，是一种集约化工厂化生产技术。其产品品质柔嫩，营养丰富，清洁无污染，经济效益高。该技术在豌豆苗生产中应用最多，也适用于红小豆、苜蓿等豆芽苗菜生产。

1. 大棚设置及消毒措施

（1）合理设置大棚　　大棚可采用温室或塑料大棚，棚膜应采用多功能无滴膜，要求棚室坐北朝南，东西延长，四周采光且便于通风散湿，浇水方便。

（2）消毒措施　　①药剂消毒。药剂消毒常采用烟剂熏蒸，以降低棚内湿度。方法是每亩用22%敌敌畏烟剂500g加45%百菌清烟剂安全型250g暗火点燃后，熏蒸消毒或直接用硫黄粉闭棚熏蒸，也可在栽培前于棚室内撒生石灰消毒。注意消毒期间不宜进行芽苗菜生产。②根据大棚面积大小，适当架设几盏消毒灯管。栽培前，开灯照射30min，进行杀菌消毒或采用紫色膜，银灰膜等多功能膜作棚膜，也可起到抑菌、避虫效果。

2. 生产工具及消毒措施

（1）栽培架　　栽培架宜采用角钢或红松方木铝合金等材料制作。要求整体结构合理、牢固、不变形。第一层离地面不少于

10cm，整架和每一层都要保持水平。架高 2m 左右，宽 60cm，每架 5~6 层，每层间距 30~40cm，架长 2.7m。可排放 10 个育苗盘。

（2）容器与基质　栽培容器一般选用轻质塑料育苗盘，规格为长 60cm，宽 25cm，高 5cm 左右，要求底面平整，形状规范且坚固耐用，通透性好。基质可选用吸水保水力强、无污染、无残留的物品，如白纸（或旧报纸）、白棉布、河沙、珍珠岩等。栽培基质在栽培播种前，应高温煮沸或强光曝晒以杀菌消毒。浸种用的容器宜采用塑料桶，不能采用铁桶或木桶。栽培前，苗盘、塑料桶用热洗衣粉水溶液浸泡 15min，彻底洗净后，再放入 5%福尔马林溶液或 3%石灰水溶液或 0.1%漂白粉水溶液中浸泡 15min，取出清洗干净后，即可栽培使用。

（3）喷水设施　为确保芽苗生长中对水分的需求，基质必须保持湿润，故需加强喷雾。大面积栽培应装置微喷设施，面积较小时应具备喷雾器和喷壶。

3. 种子处理

生产芽苗菜的种子要求纯度高、发芽率达到 95%以上，人工精选出籽粒均匀、饱满、中等大小、色鲜色亮、无破损的新种子，剔去虫蛀、破残、畸形、霉烂、瘪粒等不易发芽的种子。采用 50~55℃温水浸种 15min，以杀灭种子内外所带病毒或病菌。然后用 20~30℃的清水掏洗 2~3 遍，洗净后倒入容器以种子体积 2~3 倍的水浸种。浸种时间视具体品种而定，一般豌豆 4~5h，绿豆 10h，大豆 20h，赤豆 30h，短则延迟出芽，长则种皮脱落，豆瓣分离。期间应注意换洁净清水 1~2 次，并同时淘洗种子。当种子基本泡胀时，即可结束浸种，再次淘洗种子 2~3 遍，轻轻揉搓、冲洗、漂去附着在种皮上的黏液，注意不要损坏种皮，然后捞出种子，沥去多余水分。

4. 播种

洗净育苗盘，苗盘内平铺一层裁剪好的纸张或其他基质，预先使基质吸足水分，将处理好的种子均匀密集地撒在苗盘内，主要是控制播种量，芽苗菜播种，要求密播、散播。种子均匀平铺在苗盘上，盘与盘之间播种量一致。播种不宜过密，坚决杜绝种子在苗盘内发生堆积现象。播种太密，容易发生烂芽、烂根等病害现象，并使芽苗生长细弱，品质差。

5. 栽培管理

（1）催芽　将播种后的苗盘叠摞在一起，每6~10盘为一摞，放在栽培架或平整的地面上，进行叠盘催芽。育苗盘码放一定要平整。每摞上下各有一个保湿盘或覆塑料膜等以保温、保湿。为了通风，每垛之间留3~5cm的空隙。叠盘催芽期间室温保持续20~25℃，每天进行一次倒盘和浇水，调换苗盘位置，同时均匀地喷水，以喷湿后苗盘内不存水为度。在倒盘同时，注意选芽。用消过毒的镊子挑选出败芽、烂芽、伤芽、死粒及发芽的种子。选芽时，要严格精选，时间安排在绝大部分种子露芽时进行，绝不能让败芽及不能发芽的种子进入栽培室。经2~4d芽苗1~3cm高时，便可"出盘"，"出盘"时，将叠摞的苗盘，一层层单放在栽培架上，进行培育管理。

（2）光照管理　芽苗菜生长，在叠盘催芽期间，不需要任何光照，栽培生长期间，要求弱光照射。光照过强，产品纤维含量高，口感不佳。因此阳光照射强时，大棚上应铺设遮阳网遮光，遮光率在60%~80%的为好。叠盘催芽，为使芽苗从黑暗、高温的催芽环境顺利过渡到栽培环境，应在弱光区锻炼1d。为使芽苗受光一致，生长整齐，生产中每天倒盘一次，上下、前后倒。

（3）温、湿度管理　①温度管理：一般来说，豆类芽苗菜栽培生长的适宜温度为 20~25℃。整个栽培生长过程中，都应保持适宜温度，避免出现温差大变化。温度主要通过日光热、电热或炉火加温以及塑料薄膜、草席等防寒覆盖物的揭盖和通风口、通风窗的开闭进行调节。在夏季要尽力通过遮光、室中喷雾、采用强制通风和水帘等措施来降低棚室内气温。在栽培室内温度能得到保证的前提下，每天应至少进行通风换气 1~2 次，以保持室内空气清新，交替地降低室内空气相对湿度，避免种芽霉烂和室内空气中二氧化碳的严重失缺。②湿度管理：相对湿度控制在 80%~85%。为此应经常浇湿地面。

（4）水的管理　浇水管理对芽菜的产量和质量影响很大，应根据季节的不同，每天喷淋 3~4 次。坚持"小水勤浇、浇匀、浇足、浇透"的原则。生长前期少浇水，中、后期加大浇水量。在遇到阴雨、雾雪天气或室内气温较低时应酌情少浇；反之，在室内温度较高空气相对湿度较小时可适当加大浇水量，但也不可过量，以致引起种芽霉烂等病害。浇水要均匀，以苗盘内基质湿润，浇后苗盘不大量滴水为度，对小粒种子，喷雾式浇；大粒种子，喷淋式浇。浇水量以保持苗盘内基质湿润，不滴水为度。

6. 采收

芽苗菜质地柔嫩，含水分高，收割后的产品，极易萎蔫脱水，因此采收切割后应及时进行包装，以提高产品鲜活程度，延长保鲜期。一般可采用整盘活体销售的方法，并注意运输过程中的保湿和遮阴。离体销售，切割动作要轻。炎热的夏季要先进行预冷，再包装上市。

（二）豆类芽苗菜家庭无公害生产技术

我国是生产、食用芽菜最早的国家，黄豆芽、绿豆芽家喻户晓。随着科学技术的发展，芽菜品种也在不断丰富，芽苗菜开始出现在人们的餐桌上。芽苗菜营养丰富，无污染、无公害、鲜嫩可口，具有多种保健作用和较高的药用价值，深受广大消费者的青睐。目前，芽苗菜大面积商品化生产程度还比较低，其消费多是在酒店、宾馆、火锅城等场所。利用家庭空闲地方进行生产，可满足家庭自食，也可小批量在市场上销售。下面介绍家庭豆芽苗菜生产技术。

1. 栽培场地

芽菜生产对温度、湿度条件要求相对严格，而对光照要求不太严格。不管是住平房的家庭，还是住楼房的家庭，只要有封闭的阳台或空闲的房舍（如地下室）加以适当的改造，均能进行豆芽苗菜栽培。

2. 设备和装置

生产芽菜的用具有栽培容器、栽培基质、喷壶、温度计、水盆、塑料薄膜等。栽培容器可选用塑料苗盘，长 60cm，宽24cm，高 5cm，角钢制成的栽培架（架的长宽与育苗盘配套，层间距离保持 40~50cm），也可用塑料筐或花盆，还可用一次性泡膜饭盒或者大个的可口可乐瓶，剪去上部，保留底部 10cm高，也能作为栽培容器。不论什么容器，都要使底部有漏水的孔眼，以免盘内积水泡烂种芽。栽培基质可用干净、无毒的包装纸或白棉布、泡沫塑料片、珍珠岩等，喷壶要求浇水时能达到雾喷或细喷为好，水盆（或缸、桶）主要用于浸种等。

3. 种子选用及播种前处理

芽菜生产对种子质量要求较高。要选择新鲜，品质优良，能食用的种子。首先种子纯净度必须达到 98% 以上；其次种子饱满度要好，必须是充分成熟的新种子；再者种子的发芽率要达到95% 以上；最后种子的发芽势要强，在适宜温度下 2~4d 内发齐芽，并具有旺盛的生长势。播种前，剔去虫蛀、破残、畸形、腐霉，已发过芽的以及特小、特瘪及成熟度不够的种子。播前进行浸种催芽可缩短生芽期和生长周期。尤其在冷凉季节生产，浸种很必要。浸种可用30℃左右的水，也可用55℃左右的水。一般掌握在温暖季节用较低水温浸种，在冷凉季节用温水浸种。浸种的水量必须超过种子体积的2~3倍，浸种最适宜的时间因芽苗菜种类不同而异。浸种过程中要不断地翻动种子，浸种结束后，用清水冲洗2~3遍，沥去多余的水分。

4. 播种

播种前，对苗盘等栽培容器、基质等进行消毒，苗盘用清水加0.1%的漂白粉或3%石灰水浸泡1h以上，再用清水充分洗刷干净，栽培基质等可用开水煮烫或在日光下暴晒2~4h。然后在苗盘底部平铺1层已裁剪好的基质纸或一定厚度的泡沫塑料片，如需采用珍珠岩做基质，则可在纸张上再铺厚1~1.5cm已调湿的珍珠岩，刮平、轻轻压实，将经过浸种的种子均匀地撒播到栽培基质上。一定要撒播均匀，使种子形成均匀的一层，不要有堆积现象。播种量根据种子大小、千粒重和发芽率确定，一般豌豆苗每盘用种350~500g，播种完毕后，用喷壶淋一遍水，将苗盘摆放到栽培室内的栽培架上，并盖一层塑料薄膜进行保湿。

5. 栽培管理

（1）水分管理　整个生长期都要保持芽体湿润。由于用的基质一般是纸张等，这一类基质的吸水和持水能力有限，因此必须要频繁地补水。种子出芽前由于薄膜覆盖保湿可不必浇水；出芽至直立生长前每天喷淋2~3次，并及时将已腐烂的种子剔出。期间撤掉薄膜。芽体直立生长后至收获，要增加浇水量，每日淋水3~4次。喷淋要均匀，水量以掌握苗盘内基质湿润、喷淋后苗盘不大量滴水为宜，但不能使栽培盘底部有积水。同时还要浇湿栽培室地面，经常保持室内空气相对湿度在

85%左右。总的原则是生长前少浇，生长中后期适当加大浇水量。

（2）温度管理　豆芽苗菜适宜通用温度为18~25℃。若温度过高，则芽苗菜生长速度快，产品形成周期缩短，芽苗细弱，产量降低。反之，若温度过低，则芽苗生长缓慢，产品形成周期长，芽苗多纤维，产品易老化。温度的控制主要通过日光热、电热、暖气或炉火和通风来进行调节。为此，夏季要加强通风，喷水降温，加上遮阴；冬季要加强室内保温，必要时把栽培盘置暖器附近，一年四季进行生产。

（3）光照管理　豆类芽苗菜生产对光照要求不高，适应性较广。以较弱光照有利于产品鲜嫩，所以，在生长前期注意遮光，使胚轴充分伸长，当芽苗达一定高度，接近采收期时，在采前2~3d适当增加光照，使芽体绿化。以阳台为生产场地的，在进入夏秋季节时，为避免光照过强，需要在栽培架上或阳台窗户上挂上布帘或别的东西进行遮阴；以地下室为生产场地的，一般光线较暗或微弱，生产的芽苗颜色浅绿或鹅黄、柔软、细弱，纤维少，品质柔嫩，但产量和维生素C含量低，可以通过在室内挂照明灯来解决这一问题，灯光照射时间一般从芽苗长2cm左右开始，每天3h左右为宜。

6. 芽苗菜成熟后就要采收，随采收随食用或上市销售

一般豆芽8~15d苗高12~18cm可达采收标准。采收时可将芽苗连同基质（纸）一起拔起，再用剪刀把根部和基质剪去。作为商品出售时，可将产品装入小塑料袋或泡膜盘中，进行小包装上市销售，每袋或盘装250~300g即可。作为自食时，可待芽苗基本长成时开始陆续采食。

四、豆芽苗菜病虫害无公害防治技术

豆芽苗菜生产过程中很少发生病虫为害。但是为了保证产品达到无公害标准，仍应进行严格预防，而且必须针对发病原因，采用控制温、湿度和通风等生态防病方法，避免使用化学农药。

芽苗菜常见病虫害有催芽期种芽霉烂、产品形成期烂根、猝倒病、根蛆等。为防止病虫害，应采取以下预防措施：

（一）选种

要尽量选用当年的新种子，并进行种子清选消毒，剔除瘪粒、破粒、霉粒，用45~50℃的热水搅拌烫种5min，确保种子芽率和发芽势；催芽过程中要淘洗种子2~3遍，防止种皮发粘；播种切忌过密；随时用消毒的镊子剔除败芽、烂芽、伤芽、死粒；当种子露白时放入4%石灰水中浸泡1min，再用清水洗净继续催芽，可防止豆类烂种，促脱种皮。

（二）生产器具和场地要严格消毒

用洗涤剂或洗衣粉浸泡苗盘，彻底洗刷，然后将苗盘用3%石灰水或0.1%的漂白粉消毒5~15min，用清水冲洗干净；要不定期对生产场地消毒；栽培基质采取高温煮沸或强光暴晒晒消毒，一般不重复使用。

（三）加强温湿度和水分管理

首先要保证水源清洁，一般不要用池塘、河流水做水源，要严格控制喷水次数、切忌过量喷水。同时保持水分供应均匀，避免局部积水造成的种子缺氧而沤根腐烂；调节好棚室内温度，避免温度过高或过低；及时通风换气，避免长时间出现接近饱和的空气相对湿度。

（四）如果出现烂种烂芽

要及时清除发病中心，以免扩大传染面，对病源处用生石灰消毒，并喷洒百菌清 500 倍液消毒。若发现有烂根并已影响芽苗生长，可提早采收上市。如腐烂较严重，应整盘清理，并对育苗盘清洗消毒。

参考文献

陈新. 2013. 豆类蔬菜设施栽培 [M]. 北京：中国农业出版社.

邓金桃. 2016. 反季节荷兰豆栽培技术 [J]. 中国农业信息 (5)：60-61.

孔庆全，徐利敏，张庆平，等. 2003. 豆类蔬菜无公害栽培技术 [J]. 内蒙古农业科技 (4)：42-43.

刘海河，张彦萍. 2012. 豆类蔬菜安全优质高效栽培技术 [M]. 北京：化学工业出版社.

毛虎根，庞雄，孙玉英，等. 2005. 早春豆类蔬菜高效栽培技术 [J]. 上海蔬菜 (5)：47.

齐艳春. 2009. 芸豆高产栽培技术 [J]. 中国农村小康科技 (1)：42-43.

邵秀芳，方殿立，程志明. 2008. 无公害荷兰豆栽培技术 [J]. 现代农业科技 (19)：55.

宋晓科，鲁艳华. 2012. 豇豆栽培技术 [J]. 中国果菜 (5)：24-25.

唐维超，刘晓波，包忠宪，等. 2014. 几种优质豆类蔬菜的高产栽培技术 [J]. 南方农业 (25)：29-32.

唐友全. 2015. 大棚豆类蔬菜标准化高产栽培技术 [J]. 农民致富之友 (12)：152.

王迪轩. 2014. 豆类蔬菜优质高效栽培技术问答 [M]. 北京：化学工业出版社.

杨维田，刘立功. 2011. 豆类蔬菜高效栽培技术 [M]. 北京：金盾出版社.

姚方杰. 2007. 豆类蔬菜栽培技术 [M]. 长春：吉林科学技术出版社.

袁祖华，李勇奇. 2006. 无公害豆类蔬菜标准化生产 [M]. 北京：中国农业出版社.